给第一次学化妆的人
和之前化不好妆的人

美妆高手

[日] 尾花庆子　著　张三妮　译

浙江科学技术出版社

图书在版编目（CIP）数据

美妆高手/(日) 尾花庆子著；张三妮译. — 杭州：浙江科学技术出版社，2017.6

ISBN 978-7-5341-7430-8

Ⅰ. ①美… Ⅱ. ①尾… ②张… Ⅲ. ①女性—化妆—基本知识 Ⅳ. ①TS974.1

中国版本图书馆CIP数据核字（2016）第326252号

著作权合同登记号 图字：11-2016-315号

原书名：メイク上達ブック
"MAKE JOTATSU BOOK" by THE ORANGE PAGE, INC. supervised by Keiko Obana

First published in Japan by THE ORANGE PAGE, INC. ,Tokyo.
This Simplified Chinese edition published by arrangement with
THE ORANGE PAGE, INC. ,Tokyo in care of Tuttle-Mori Agency, Inc., Tokyo
Through Beijing Kareka Consultation Center.

书　　名　美妆高手
著　　者　[日] 尾花庆子
译　　者　张三妮

出版发行　浙江科学技术出版社
杭州市体育场路347号　邮政编码：310006
办公室电话：0571-85176593
销售部电话：0571-85062597　0571-85058048
网　址：www.zkpress.com
E-mail：zkpress@zkpress.com

排　　版　烟雨
印　　刷　北京和谐彩色印刷有限公司

开　　本　710×1000　1/16　　印　张　9.5
字　　数　80 000
版　　次　2017年6月第1版　　印　次　2017年6月第1次印刷
书　　号　ISBN 978-7-5341-7430-8　　定　价　35.00元

责任编辑　王巧玲　仝　林　　责任校对　赵　艳
责任美编　金　晖　　责任印务　田　文

第一次学化妆的人
和之前一直化不好妆的人，
只要拥有这本书，
就可以变身为化妆达人

笨手笨脚的人
也能得心应手的化妆教程

拿着这本书的人都想熟练地学会化妆吧？不少人在化妆时，总是在不知不觉中随意涂抹一番。还有一些人，就算看着杂志也学不好化妆。我一直希望能从基础开始向大家讲解简单的化妆技巧，为此精心准备了这本书。

坚持做到简单明了

这本书的内容汇集了《尾花庆子 PRESENTS 从基础做起 化妆教科书》的要点，又加进了新的照片和内容，适合不太擅长化妆的人。书中只介绍了最基础的化妆技巧，用到的化妆品、化妆的顺序、照片的拍摄及照片上的指示箭头都做得简洁明了。图片精美清晰，方便放在旁边参照着化妆，可以让那些自认为即使读化妆书也化不好妆的人变身为美妆高手。

化妆技巧纯熟，性格也会变得开朗

化妆可以改变一个人的心情。比如，眼线画得好，眼睛会变得大而有神，心情也会随之愉悦。底妆上得有透明感，被人夸赞：“皮肤真好！”就会使人充满自信，由内向外散发美丽气质。自信心会让你勇于挑战新事物，营造新生活。

来吧，今天就开始吧！让你的心情变得更加愉快！

目录

第1章

变美的第一步

梳理化妆基础

眉毛

眼影和眼线

睫毛膏

腮红

唇膏

粉底

第2章

毛孔、黑眼圈、色斑、暗沉

可以解决皮肤各种烦恼的完美底妆

第 1 章

变美的第一步
梳理化妆基础

粉底要从哪部分开始涂？
眼线要怎么画？
掌握这些基础中的基础
是变身化妆达人的捷径。
这一章要详细介绍化妆的基础。
快速地翻阅本书，
从中挑出自己感兴趣的部分，
一步一步进行尝试吧！

眉毛

眉毛是脸部唯一可以通过自己修剪或拔除来进行修整的部位。正因为如此，不少人会为此犯难。简简单单地模仿别人？不，让我们掌握符合自己脸形和骨骼长势的自然眉形吧！

眉毛的基础
是"充分利用自身的眉形"

这是理想的眉形

首先,仔细打量自己的眉毛,确认眉毛的粗细和眉峰的位置。然后与理想的眉形作比对,利用自身眉骨和眉毛的长势,对不足的部分稍作调整,这是画出自然眉形的基础。

眉头

决定眉毛整体的粗细和高度

靠近眉间,眉毛长势由下向上的部分。由于这部分眉毛比较浓密,不用刻意去画。

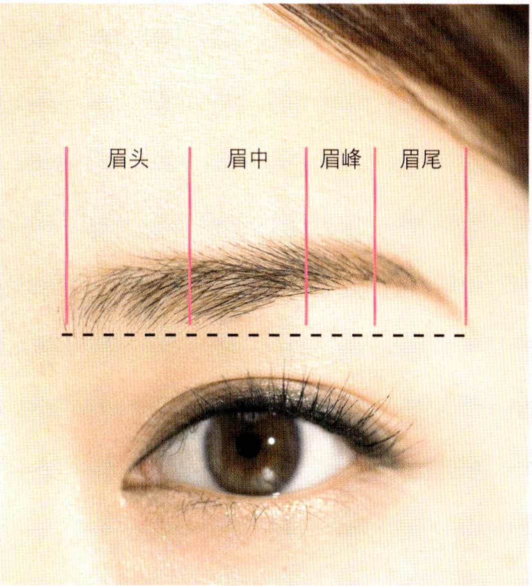

眉中

和眉头保持同样的粗细

连接眉头和眉峰的部分。一般会画得过于纤细,但正确的画法是要保持和眉头同样的宽幅。

眉峰

从这部分开始逐渐变细

扬起眉毛时,眉毛上方的肌肉(枕额肌)皱起的部分即眉峰的位置。从这儿到眉尾位置,眉形可以慢慢变细。

眉尾

眉毛最后的部分,不要低于眉头

顺着眉骨的弯度,眉尾部分慢慢变细。眉尾的最后部分画得不可低于眉头,这样眉形整体会比较平衡。

基本
画法

使用眉粉和眉笔，贴合自身眉形描画是关键

想要画出自然的眉形，诀窍是要同时使用眉粉和眉笔。
眉粉勾勒出眉形，眉笔对不足的部分进行修饰。
尽量利用自身眉形和眉毛的长势。眉毛可以画得略粗些。

1

为了不容易脱妆，要先用棉棒拭去油分

画眉之前，用水蘸湿棉棒，轻擦一下眉毛，拭去多余的皮脂、底妆和粉底。这样简单的一步不但使眉毛更容易描画，而且使眉妆更持久。

2

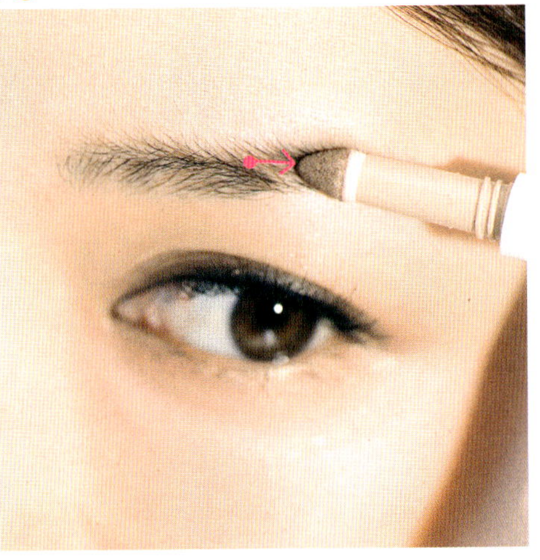

用眉粉从眉中开始

首先参照第11页，确认自己的眉峰。用蘸上眉粉的眉刷贴着眉毛，从眉中的眉毛长势发生改变的地方（起点●）开始刷。为了让眉中和眉头保持同样的粗细，将眉粉补刷到眉峰部分为止。

单品推荐

眉笔、眉粉二合一

眉笔和眉粉二合一，组合不同的颜色也行。

MAJOLICA MAJORCA恋爱魔镜自然性感眉粉+眉笔管+眉刷/资生堂

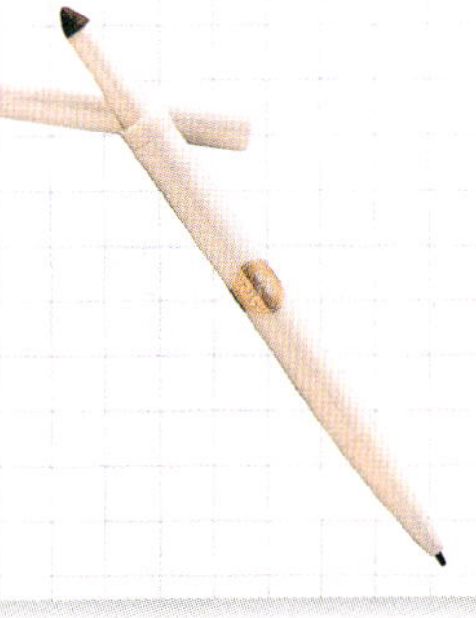

3

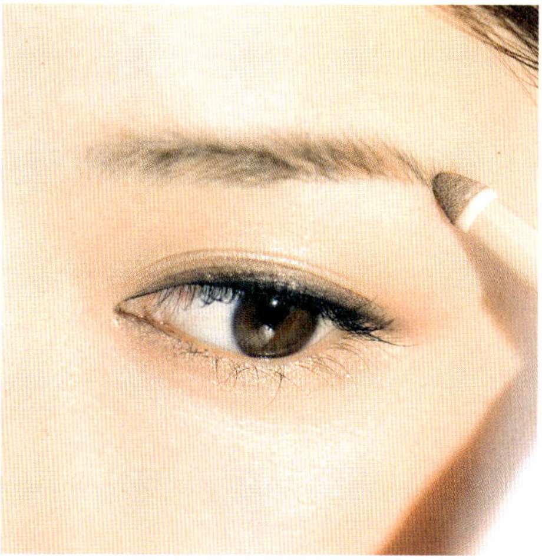

眉峰至眉尾

立起眉刷的刷头，从眉峰到眉尾慢慢描细。要轻快地细细描过，让眉尾的最后部分不低于眉头。之后，眉刷不用再蘸取眉粉，轻轻刷过眉头下方位置即可。

4

以眉毛下方为重点，用眉笔加强不足的部分

用大镜子来检查一下整体效果，稍淡的部分用眉笔添上几笔。这时要注意不要描眉毛上方轮廓，以眉毛下方为重点来加强可以让眉形显得非常自然。嗯，眉头部分不要用眉笔哦！

5

用两面镜子确认眉尾的长度

画完后，用大镜子和小镜子前后检查一下侧脸。看眉尾比眉头是不是低得过多，眉骨的弯度是否保持一致。此外再扬一下眉毛，以确认眉峰处于恰当的位置。

妆容持久的小技巧

扑上蜜粉可以让眉妆持久

画完眉毛之后，扑上一层薄薄的蜜粉，眉妆就不容易脱落。用粉扑蘸上一点点蜜粉，以容易掉妆的眉尾为中心轻按即可。注意粉扑不要擦得过重。

基本
修整

画完眉毛之后再修整眉形，可以避免修剪过度或者拔除过多

修整自然眉形的诀窍是要先画好眉毛，再处理超出轮廓线的部分。根据眉毛生长部位的不同，选择修剪或者拔除，只留下必要的眉毛即可。

超出轮廓线的部分，处理方法因位置不同而有所区别

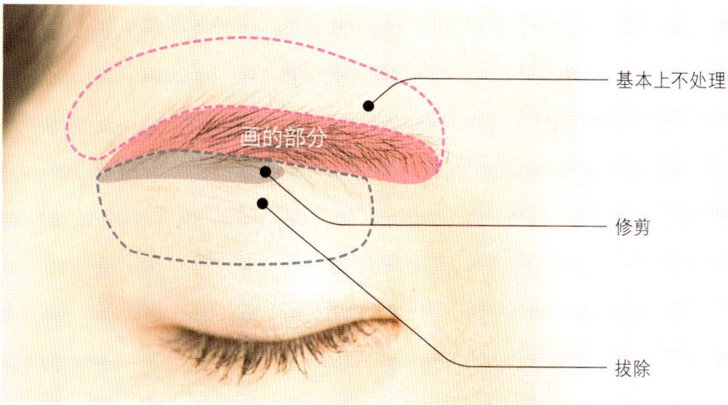

基本上不处理

眉头周围和眉毛上方的毛发不需要处理。如为粗硬的毛发，也可以拔除。

修剪

在眉峰到眉尾的部位，眉毛根部如果在轮廓线内则无须拔除，直接进行修剪即可。拔除这部分眉毛会使眉形过细，这点须注意。

拔除

在眉峰到眉尾的部位，眉毛根部如果超出轮廓线的范围将其拔除即可。眼皮（上眼睑）上的毛发也要清理。

1

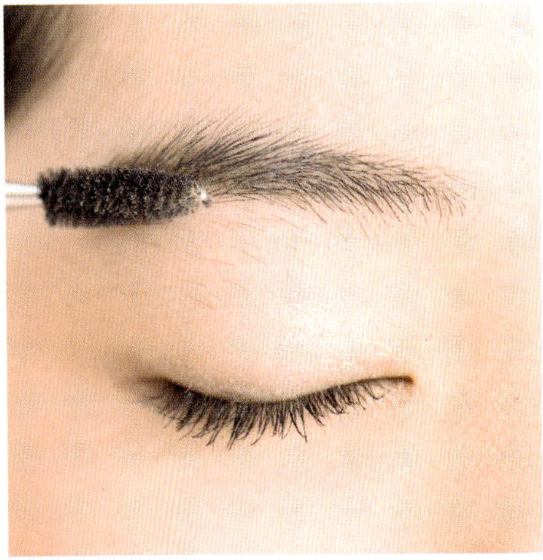

画眉，用眉刷调整眉毛方向

参照第12～13页基本画法来画好眉毛。用螺旋眉刷调整眉毛的生长方向，只拔除必要的眉毛即可。沿着眉毛的生长方向刷，眉头和眉中的部分要从下向上刷，而眉峰到眉尾部分则要斜着向下刷。

2

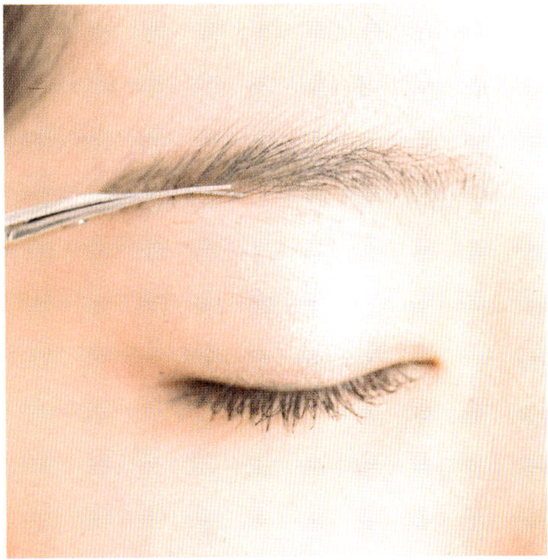

修剪向下超出轮廓线的部分

在眉峰到眉尾部分，超出轮廓线的眉毛要从眉尾向内用眉剪修剪。眉剪的刀刃的一边贴着皮肤，这样刀头会比较稳，不容易失败。要一根一根地仔细修剪哦！

3

拔除长在轮廓线外的眉毛

从眉峰到眉尾部分，长在轮廓线外的眉毛要用眉镊拔除。眉峰和眉尾的上方如果有粗些的毛发就要拔除。拔的时候如果觉得痛，可以轻轻提起皮肤并顺着眉毛生长的方向拔，这样可以减轻疼痛感。

用眉膏改变印象

如果与睫毛和头发的颜色相比，眉毛的颜色显得过黑，就要推荐你使用眉膏了。一般画完眉后用它描一下就可轻易地改变眉毛的颜色了。

1

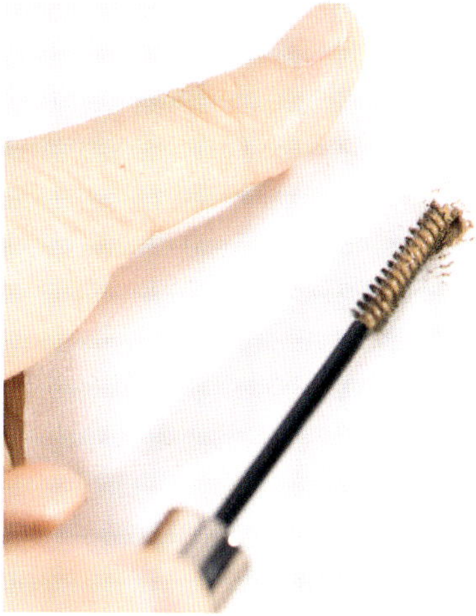

抹纸巾，调节用量

参照第12～13页基本画法画好眉毛。把眉膏的刷头从管子中拿出来后，用纸巾轻轻抹一下就可以去掉多余的液体。这样简单的一步即可避免眉膏结块或者沾到皮肤上。

2

逆着眉毛生长方向刷

首先让刷头和眉毛平行，从眉尾到眉头逆着眉毛生长方向刷。这样就可以将眉膏充分涂抹在所有的眉毛上。此时要注意不要让刷头碰到皮肤。

3

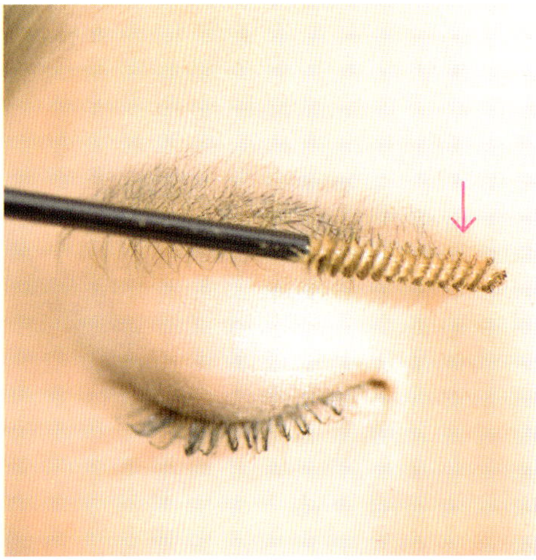

逆着眉头的眉毛生长方向刷

眉头的眉毛是向上生长的。从上至下逆着眉毛方向刷，就可以让液体充分涂抹到眉毛内侧。

4

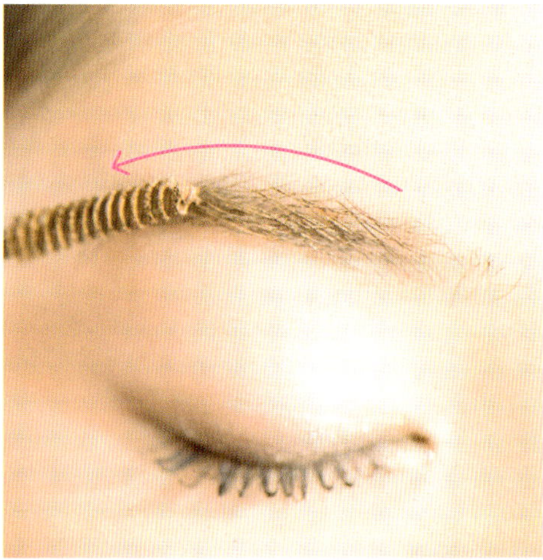

顺着眉毛生长方向梳理

最后，从眉头到眉尾顺着眉毛生长方向梳理。这时，把一些朝下的眉毛向上梳理整齐后，眉形就会非常清晰。这样一来，无论从哪个角度观察都柔美清晰的眉妆就完成了。

单品推荐

眉膏

有各种颜色，可以配合自己头发的颜色来挑选。

LUNASOL晶采雅幻眉膏 LB01 /嘉娜宝

\ 完成！/

打造时髦又自然的形象。
也有调整眉毛的功效，眉形清新自然。

烦恼 1

左右眉毛的高度不一致

跟基本的画眉方法不同，用眉笔从作为中心线的轮廓线开始画，然后参照左右眉毛的高度开始调整。

1

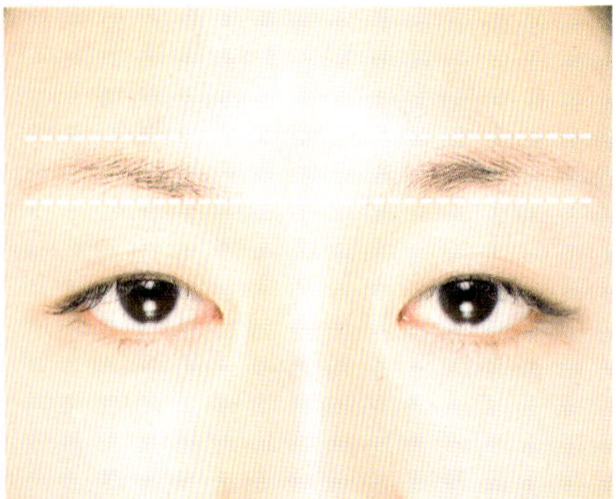

用镜子确认眉毛

首先仔细观察镜子中的眉毛，确认眉峰的高度和眉形的弯度。

2

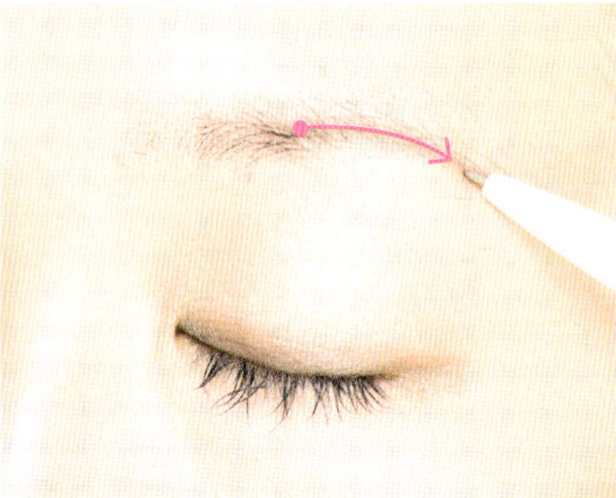

画好作为中心线的轮廓线

用眉笔从眉中到眉尾，从眉的中间画一条自然的轮廓线（这是决定眉形的中心轮廓线）。从容易画的那一侧眉毛开始画，另一侧的眉毛要按这一侧眉毛来画（照片里的模特是从其右侧的眉毛开始画的，略高的左侧眉毛向下做了少许调整）。

3

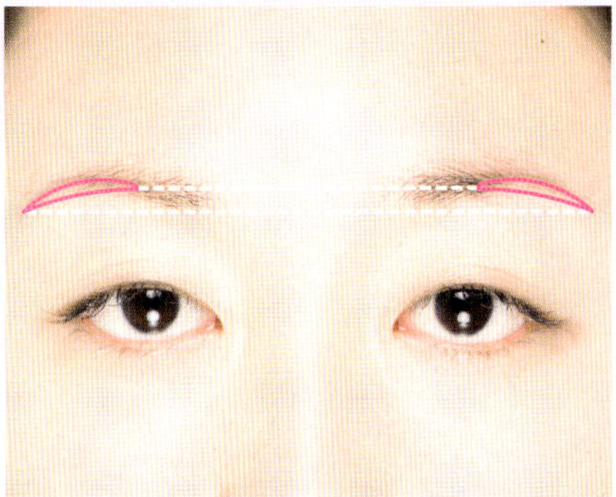

对齐下方的轮廓线

画完两边的轮廓线后，照镜子再次确认左右眉毛，用眉笔画出下方的轮廓线。这时要尽量让左右下方的轮廓线协调一致（照片中模特左边眉毛的下方轮廓线要略微粗些）。接着参照第16页基本修整的2、3，把超出轮廓线的眉毛修剪整齐。

4

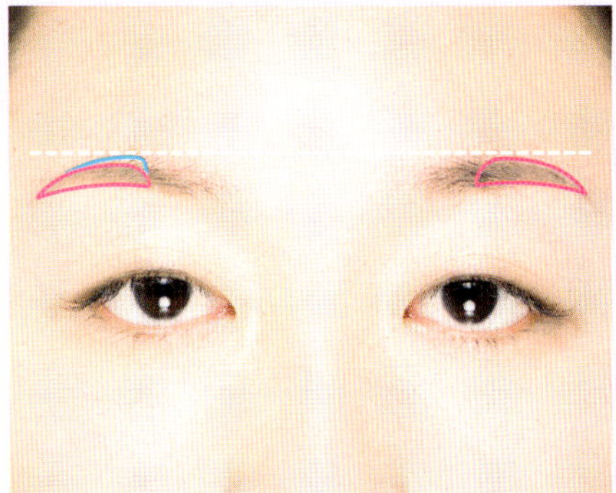

调整眉毛的粗细

在粉色轮廓线内刷上眉粉（照片中模特因为右边眉毛略微显得低些，对照着左边眉毛蓝色轮廓线内也要刷上眉粉）。眉刷不用再蘸眉粉，轻轻地刷过眉头即可。这时要注意，左右眉头高度须保持一致。

5

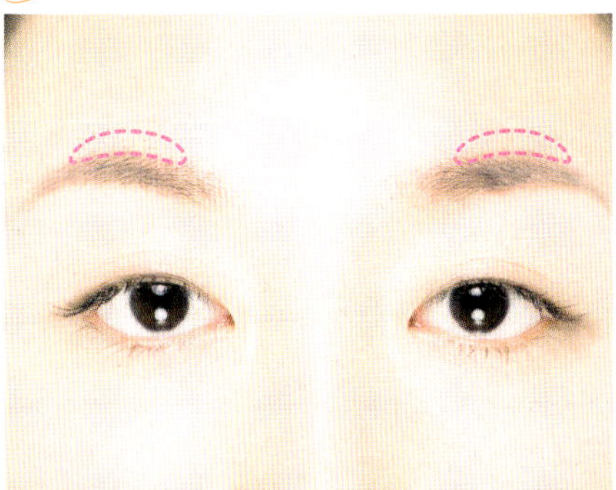

完成

要让左右眉毛高度一致，可以把眉中至眉峰上边较粗的眉毛拔掉。

校前

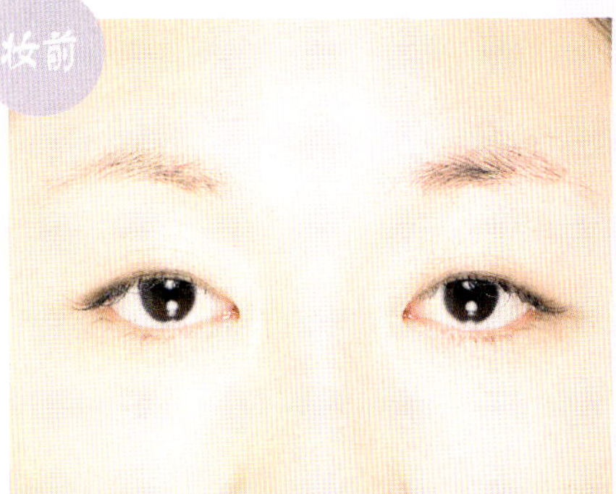

校后

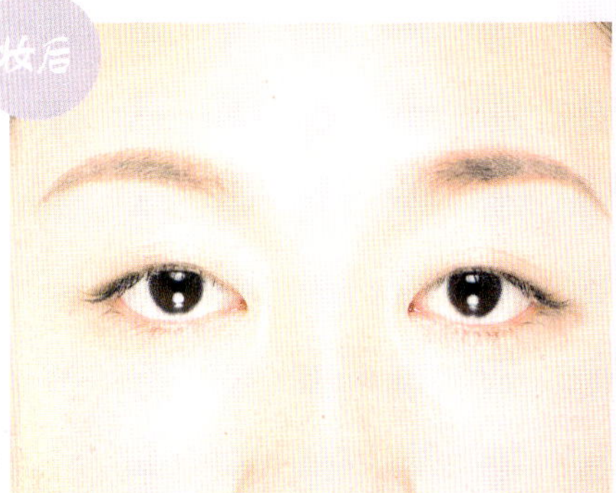

高度、位置和弯度都有些不一致的眉毛现在看起来既协调又自然。

烦恼 2

眉毛较少，画好后看起来不自然

不用眉笔画，用深浅两色眉粉来刷是画出自然眉形的秘诀。

1

刷出眉形

参照第12页基本画法，从眉中到眉尾用浅色的眉刷出眉形。之后，眉刷不用再蘸眉粉，直接刷一下眉头上方即可。注意，这时刷子要从眉中刷向眉头！

2

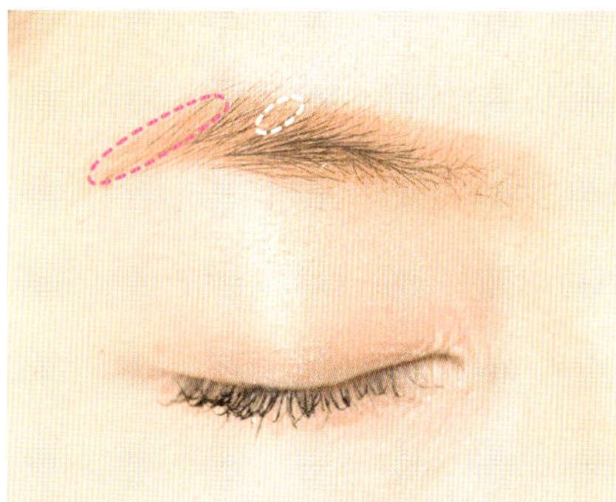

眉尾和不足的部分用浓色的眉粉加强

用眉刷蘸上浓色的眉粉加强一下眉尾（粉色轮廓线内）。通过镜子中确认整体眉形，确认从眉中到眉尾的眉色较浅的部分。用深色眉粉加强不足的部分（白色轮廓线部分）。

妆前

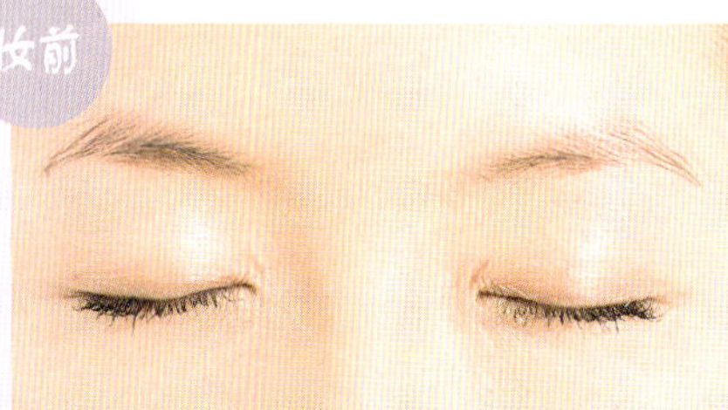

妆后

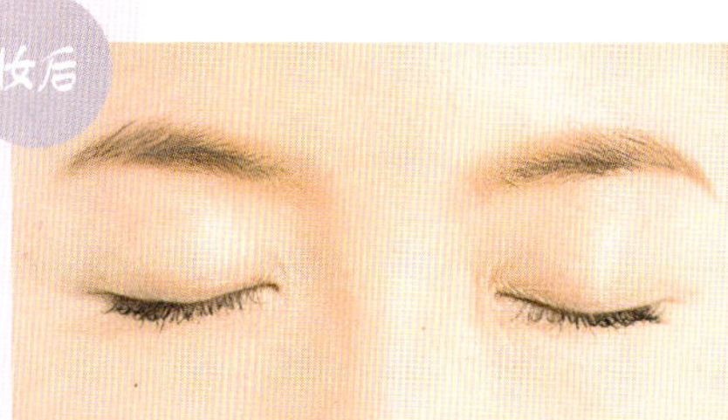

眉头较浅，从眉中到眉尾部分渐渐变浓，轻松勾勒出拥有自然轮廓的立体眉形。

单品推荐

三色眉粉

深浅两种不同的眉粉搭配定妆眉粉，也有鼻影粉的套装。

LAVSHUCA幻彩精灵三色眉粉/嘉娜宝

烦恼 3

眉尾比较杂乱，眉尾的线条不知怎么画才好

只要确定好起点和眉尾的位置就可以了！

只要弄清从眉头到眉中眉毛的长势就可以确定起点，一直画向眉尾。首先参照第12页基本画法确定起点。眉尾在比眉头的水平线（右图中的虚线）略高的位置上。确定眉尾的位置后，从起点到眉尾轻轻画出一条自然的曲线即可。

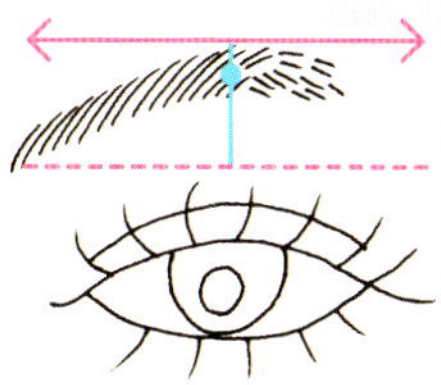

烦恼 4

眉毛间隔大

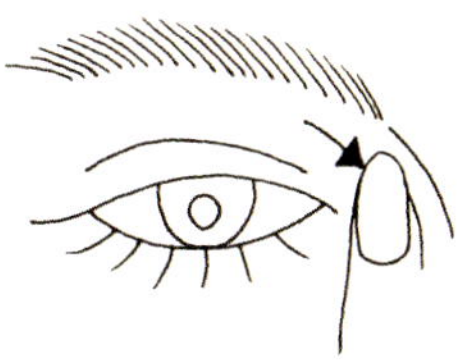

把眉头的眉粉向鼻梁方向推染一点，眉毛就会看起来更集中些。

画完眉毛后，用指腹把眉头的眉粉向鼻梁推染，就相当于使用鼻影粉的效果。这样眉毛间隔会变小，鼻梁看起来会比以前更挺，脸也显得更小些。眉毛间隔大的人一定要尝试一下这个步骤哦！

烦恼 5

眉毛拔得太多

把眉毛画得略粗些，只处理轮廓线外侧的眉毛。

拔得过多，就只能等眉毛再长出来了。因为眉毛拔得太多，所以要把眉形画得稍微粗些，只处理轮廓线外的眉毛即可。如果想让眉形显得自然，一般不要动眉头的部分（修剪也不好）。修整眉形时若用剃刀刮的话会刮得过细，所以修整时一定要用眉剪和眉镊配合才行。分清要拔掉、要修剪还是要保留的部分，这是修整眉形最为关键的步骤。

眼影和眼线

不化妆看起来无神的眼睛，只要涂了眼影就会显得深邃，画了眼线就会显得清晰有力。眼睛是决定脸部印象的关键。使用眼影和眼线会让表情变得更丰富哦！

眼影的基础
是“营造出层次感”

记好各色眼影涂抹的范围吧!

首先选择一个色系的眼影盒。推荐大家使用搭配度较高的棕色系。眼球突出的部分和眉骨使用提亮的浅色眼影，睫毛根部使用有收敛感的深色眼影，这样自然就会有层次感和立体感。

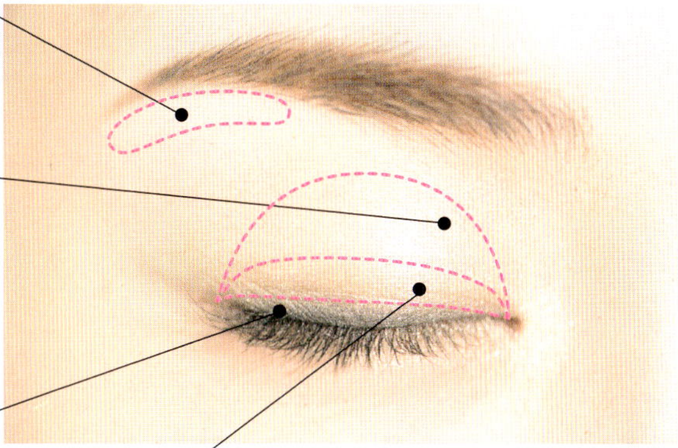

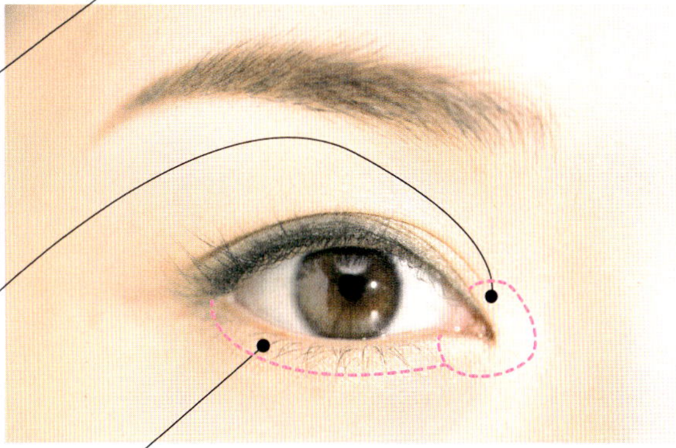

眉下

D 高光

眉尾的正下方部分

眼窝

C 底色

上眼睑眼球突出部分（因眼部娇嫩，此处需用手轻触，简单易懂）

上睫毛根部

A 收敛色

上睫毛根部向上2～3毫米宽的范围

上睫毛根部的上方

B 中间色

上睫毛根部向上3～4毫米宽的范围

内眼角

D 高光

在内眼角画“＞”（或“＜”）形，涂抹4～5毫米宽的范围

下睫毛根部

B 中间色

下睫毛根部向下2～3毫米宽的范围

A	A——收敛色
B	B——中间色
C	C——底色
D	D——高光

基本
涂法

灵活使用眼影刷和指腹即可打造自然立体的眼影

面积较大的部分要用指腹，其余部分则用粗眼影刷和细眼影刷配合，分开涂抹各色深浅的眼影，让眼睛亮丽动人。

1

眼窝整体涂上底色

用无名指的指腹蘸取底色眼影涂满眼窝。用手指涂不仅可以营造出丰满柔和的色调，指腹触摸还可以感觉到眼窝的位置，更不容易涂错。

2

上睫毛根部涂上细细的一抹收敛色

用细眼影刷蘸取收敛色眼影，从内眼角至外眼角刷上细细的一笔。要紧贴着上睫毛的根部刷，不要刷得过粗，这是营造自然眼影的关键。

3

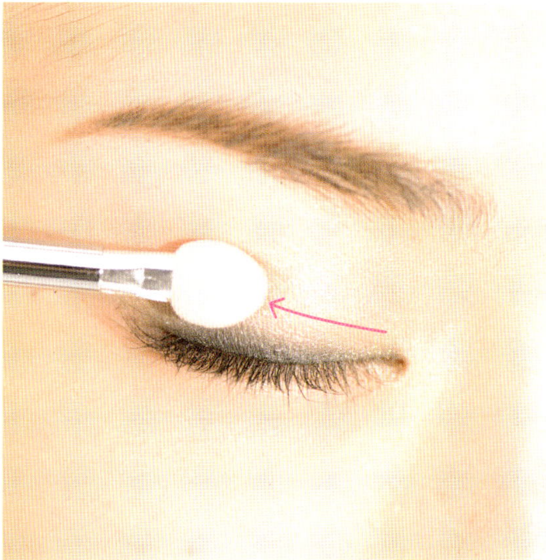

上睫毛根部上方涂上中间色

用粗眼影刷蘸取中间色眼影刷在上睫毛根部稍微靠上的位置范围。之后再用眼影刷把中间色与收敛色眼影的边线晕开，使色彩过渡自然。

4

下睫毛根部涂上中间色

用粗眼影刷蘸取中间色眼影刷在下睫毛根部。这样可以突显下睫毛，使得眼部妆容更有整体感。

5

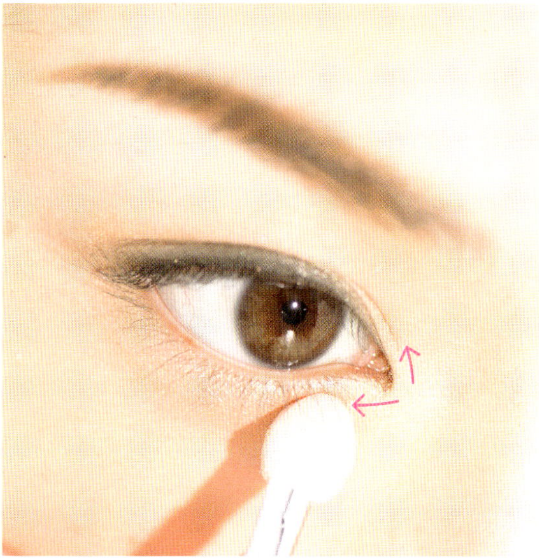

眼角涂上高光

用粗眼影刷的另一头顶部蘸取少量的高光眼影，在内眼角外缘细细地画“〉”（或“〈”）形。

6

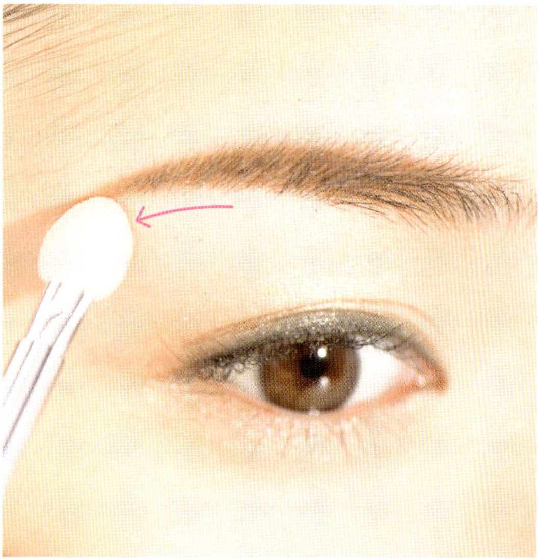

眉毛下面涂上高光

用粗眼影刷的顶部再蘸些高光眼影在眉峰正下方一抹，然后用无名指指腹把边线晕开即可。

完成!

挑战颜色鲜亮的眼影

尝试蓝色或者紫色眼影时，并不要求大面积使用，只需细细一抹便显得自然随性又时尚感十足。

1

眼窝整体涂上底色(A)

用手指指腹蘸取高光粉涂满眼窝。

2

上睫毛根部细涂收敛色(C)

用细眼影刷蘸上收敛色眼影从内眼角刷向外眼角，保持与眼影刷大致相当的宽度（5毫米）。单眼皮或者内双的人，保持睁开眼睛时以能看见少许眼影为宜。

3

叠着收敛色刷彩色眼影(B)

用刷子在2的收敛色的上缘（用粗眼影刷也可以）从内眼角至外眼角刷彩色眼影（B），保持与眼影刷大致相当的宽度（5毫米）。叠着刷涂双色眼影的边线，以营造立体感。

4

在下眼睑也涂上彩色眼影(B)

用细眼影刷蘸上彩色眼影，从下眼睑的内眼角向外眼角细细扫上一笔。涂在下眼睑可以突出彩色眼影，为眼睛的生动加分。

眼 影 要 这 样 涂

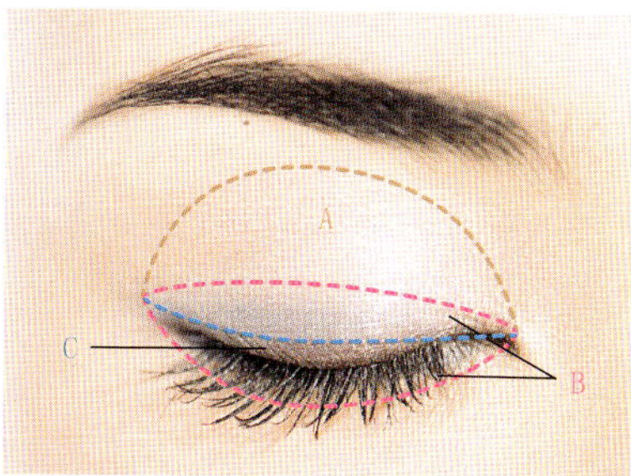

A
底色

B
中间色（彩色眼影）

C
收敛色

完成!

掌握让眼部清爽的眼影画法

在眼皮（上眼睑）中央刷上亮色眼影，使眼皮看起来显得更立体、清爽。这样可以修饰眼部水肿，想改变形象时也不妨一试。

1

眼窝整体刷上底色(A)

用粗眼影刷蘸取底色刷满整个眼窝。之后要在上面打上高光，所以要略微比平时多刷些。

2

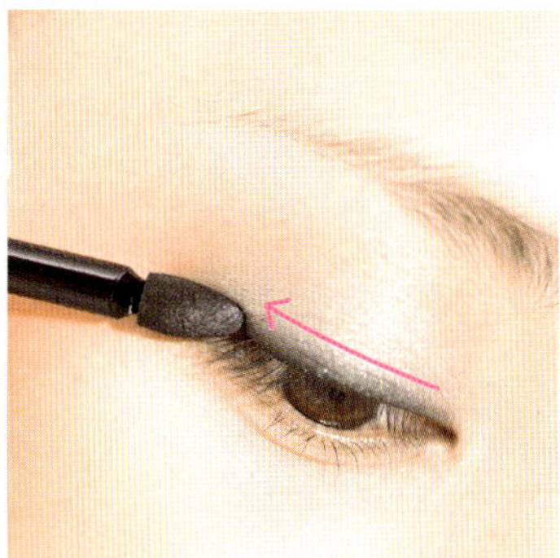

上睫毛根部刷上收敛色(B)

用细眼影刷在上睫毛根部细细刷上收敛色。

3

晕开双色眼影的边线

用干净的眼影刷在底色和收敛色之间描涂，晕开边线。

4

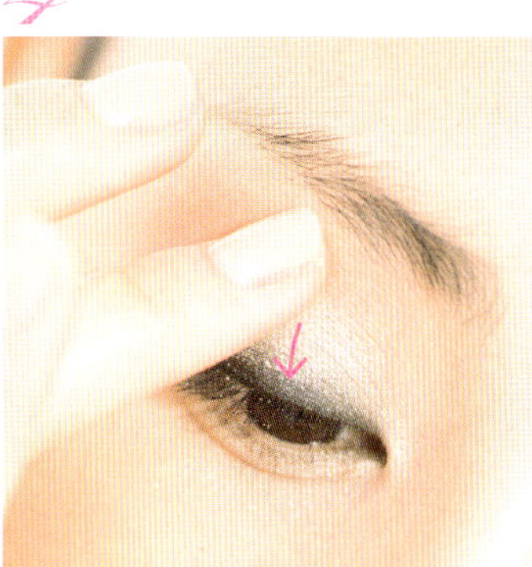

眼窝中央涂上高光(C)

用无名指的指腹蘸取高光在上眼睑的中央位置，从上至下纵向平涂。注意不要涂到上睫毛根部，这样会削弱收敛色眼影的效果。

眼影要这样涂

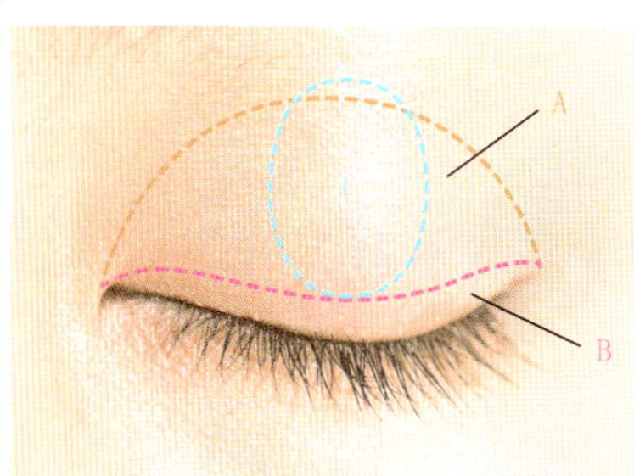

A
底色

B
收敛色

C
高光

完成!

眼线的基础
是“要埋在睫毛的间隙”

画线还是填埋，看起来是如此不同

眼线的作用是强调眼睛轮廓，使眼睛看起来清晰有神。

不完美图是在上睫毛根部靠上的位置画了一条眼线，上睫毛根部和眼线之间有了空隙就模糊了眼睛轮廓。要像完美图一样在上睫毛根部填埋眼线才好。

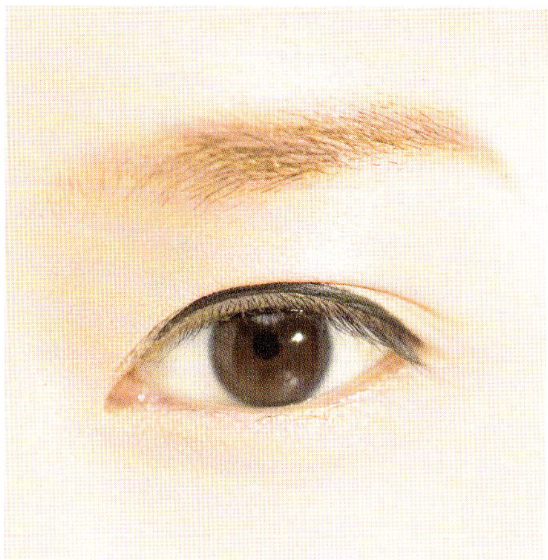

不完美

在上睫毛根部靠上的位置画眼线

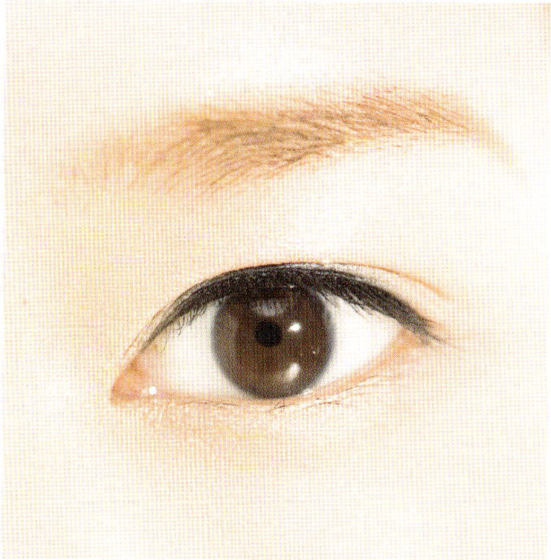

完美

仔细填满睫毛间隙的眼线

基本
画法

画好眼线的要领就是固定肘部，一点点地填涂眼线

要想手不抖，固定肘部很重要。如果先填满睫毛的间隙，最后用棉棒晕染就显得很自然。推荐使用眼线笔。

1

肘部放在桌子上画眼线

肘部放在桌子上不动即可稳固地勾画眼线。如图，准备化妆镜，眼睛往下看就可以清晰地看到上睫毛根部。如果这样还不够清楚，可以用一只手轻轻翻开眼睑。

2

填满上睫毛的根部

眼线笔的笔尖抵住上睫毛的根部，左右小幅度移动填满颜色。从中间分别向内眼角和外眼角方向填涂。眨动几下眼睛，看上睫毛根部是否全部填满，看得见皮肤的部分则要继续补上眼线。

为了填满整个上睫毛根部，就算眼睑稍微沾上些也没事。

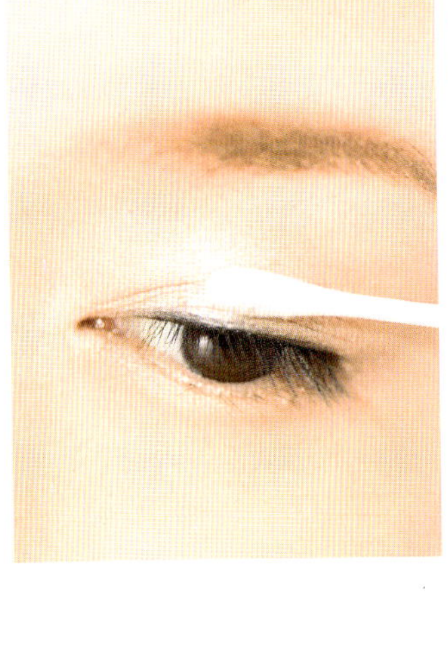

3

眼线外侧用棉棒晕开

用棉棒头从内眼角至外眼角晕开眼线外侧蘸上的眼线液。棉棒蹭到上睫毛根部时，要尽量避免擦去已经画好的眼线。

保持妆容持久的小诀窍

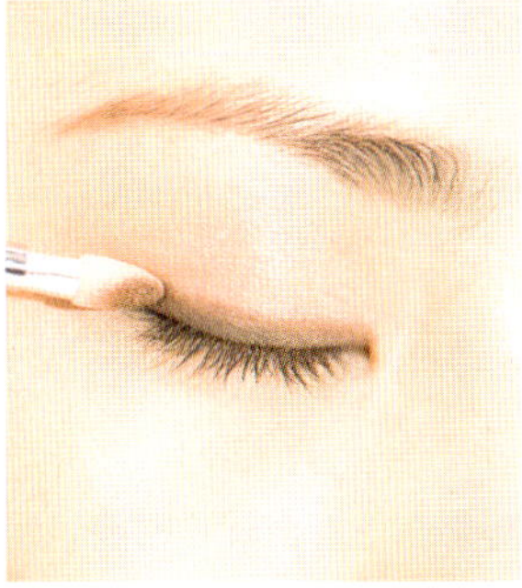

要让眼线不容易脱妆，就要在眼线上刷上眼影

眼线很容易因汗浸等原因而脱妆。要想避免，就要在画好眼线后，重复刷上眼影。先涂上底色眼影再画眼线，之后再刷上收敛色眼影。叠刷上收敛色眼影，妆容就会显得更自然。

用眼线液使眼睛乌黑有神

眼线液可以让眼睛清晰有神（用眼线笔也同样可以），但是如果想让眼睛更乌黑有神，就要选择色彩浓烈的眼线液。

1

用眼线笔填满睫毛间隙，然后用眼线液描画

参照第34页基本画法用眼线笔画眼线。然后，眼睛略微向下看，用眼线液的刷头抵住瞳孔中间位置的睫毛开始向外眼角画，直至画到超出外眼角5毫米的位置。

2

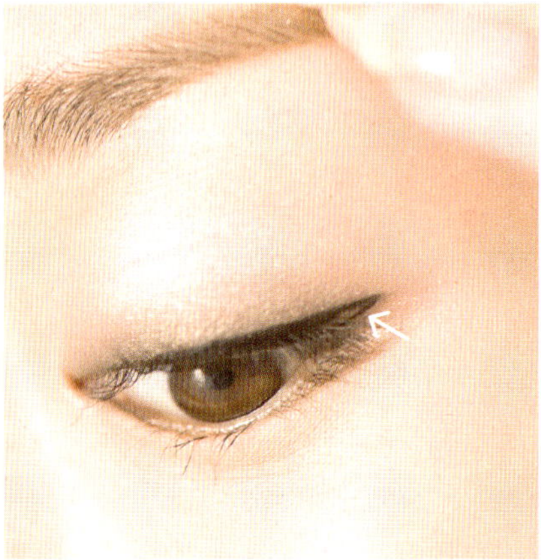

眼线尾端和外眼角相连

在外眼角的睫毛根部画一根细线和1的眼线尾端相连。用手轻轻提起眼皮会容易画些。

3

填满外眼角的空隙

接着涂满在1和2中画线围起来的部分。这样一来，从正面看外眼角部分更粗更长，自然呈现出魅力眼妆。

4

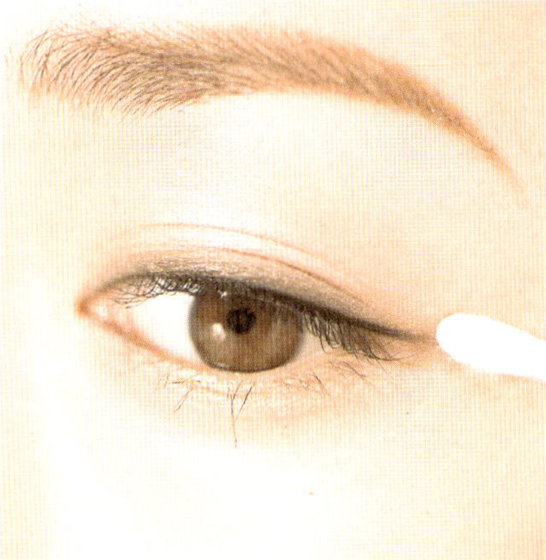

用棉棒快速晕开眼线上缘

画完之后在眼线液未干之前，用棉棒尖轻轻地晕开眼线的上缘。眼线液干得快，干了便很难晕开，处理速度要快。这样一来，眼线更贴合眼皮，眼睛轮廓更清晰，妆容更自然。

进阶课程

尝试珠光眼线

带有珠光（色）的眼线可以作为加强妆容的单品。珠光可以增加眼睛的明亮度。描画的地方不同会有不同的效果，一定要尝试一下哦！

刷在外眼角增强眼线

在上睫毛根部画上黑色等有收敛感的眼影，在外眼角凹陷的部分填满珠光眼影。光影有致可以突出眼线层次感，让眼睛看起来又大又圆。

单品推荐

带珠光的眼线液

与有颜色产品相比，强烈推荐使用后只有光泽或珠光的眼线液。

LUNASOL日月晶采秋邃眼线液／嘉娜宝

刷在下睫毛根部使眼睛俏丽动人

在下睫毛根部刷上细细的一笔珠光眼影，这样可起到提亮高光的效果。用笔尖在下睫毛根部细细勾画是关键。这样眼睛显得俏丽动人。

刷在上睫毛根部加强眼妆效果

在上睫毛根部刷上自然的棕色系眼影，用眼线笔仔细填满睫毛间隙。之后在上睫毛根部刷上一抹略粗的珠光眼影。这样可以提亮眼部，加强视觉效果。

求教！尾花老师

眼影和眼线的烦恼

烦恼 1

眼皮是内双，即使画了眼妆也看不出来

如果眼皮是内双，无论眼睛睁开或者闭上，唯一能看出效果的下眼妆就成为妆容重点。然后在外眼角画上棕色的眼线补充效果。

1

在外眼角1/3处画棕色的眼线

参照第26～28页基本涂法和第34页基本画法，完成上眼皮的眼妆。之后，在下睫毛根部外眼角1/3处画上棕色系的眼线。自外眼角至内眼角方向细细填涂睫毛的间隙。

2

用棉棒把眼线的外侧晕开

用棉棒只把眼线的外侧晕开。要尽量避免因晕开范围过大而影响眼线效果。

3

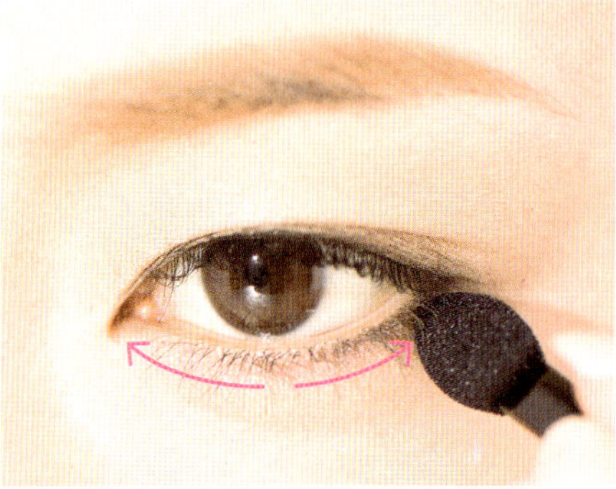

在下睫毛根部涂上中间色的眼影

用眼影刷蘸取中间色，这里用的是带珠光的驼色眼影。然后立起眼影刷分别从下睫毛根部的中央刷向外眼角和内眼角，再从外眼角一次性刷向内眼角。

4

在眼角刷上高光粉

用刷子蘸取高光粉刷涂内眼角，没长睫毛的部分也要刷到。这样可以提亮眼部。

完成!

求教！尾花老师

眼影和眼线的烦恼

烦恼 2

我是单眼皮，有什么办法让眼睛显得大些

在上、下眼皮处涂上眼影，并画上眼线，以增强眼部轮廓。上眼皮眼影涂的范围则要窄些。

1

在上眼皮刷上底色眼影

用眼影刷蘸取底色眼影刷在上眼皮2/3的范围。用刷子来回刷涂，让边线自然晕染开来。

2

画眼线要眼线笔和眼线液并用

参照第34页基本画法用眼线笔画出眼线，再参照第36页用眼线液勾勒以增强眼部轮廓。用另一只手轻轻拉起眼皮，外眼角部分要适当延长。

3

下眼皮也要画眼线

下眼皮的外眼角也要用眼线笔细细勾画。从外眼角至内眼角仔细填满睫毛的间隙，但要留出未长睫毛的部分。这样使眼睛在水平方向上看起来更有延伸感。

4

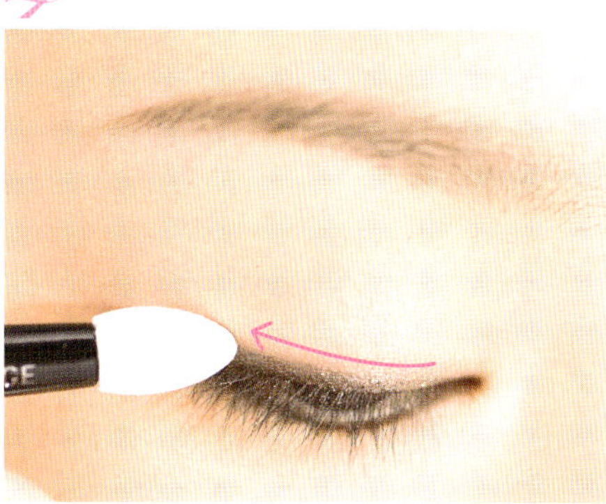

在上眼线叠刷上收敛色的眼影

用眼影刷紧贴2中的上眼线，然后细细刷上一抹收敛色眼影，使眼线自然贴合眼睛。

5

在下眼线刷上底色眼影

用眼影刷紧贴3中的下眼线，从外眼角至内眼角细细刷上一抹底色眼影。在下眼皮刷上眼影，会使整个眼部妆容亮丽奢华。

烦恼 3

想让吊眼的严厉印象变得柔和些

在下眼皮刷上收敛色＋珠光的眼影可以营造出水润柔和的眼神。

1

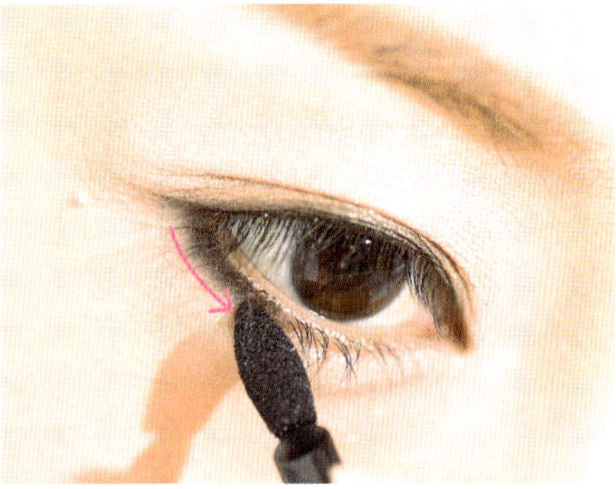

刷上收敛色

参照第 26 ～ 28 页基本涂法和第 34 页基本画法完成上眼皮的眼妆。接着用细眼影刷蘸取收敛色眼影，刷子尖要抵住下眼皮外眼角处。然后向着内眼角方向刷至眼睛 1/3 处。

2

刷上带珠光的中间色

用粗眼影刷蘸取带珠光的中间色眼影，从中央按先向内眼角，后向外眼角的顺序涂刷。外眼角部分刷在1中的收敛色外侧。之后用眼影刷蘸上少许高光粉刷在内眼角部分，让眼睛充满透明感。

3

涂上睫毛膏

参照第 50 ～ 52 页基本涂法涂上睫毛膏。上睫毛涂过之后，下睫毛也要全部轻轻涂上。接着把刷头竖起来，用刷子尖重复涂在外眼角部分的睫毛上。睫毛膏和收敛色的叠加效果让外眼角的中心下移，并突显出眼睛的柔和神韵。

下眼皮的眼影要这样涂

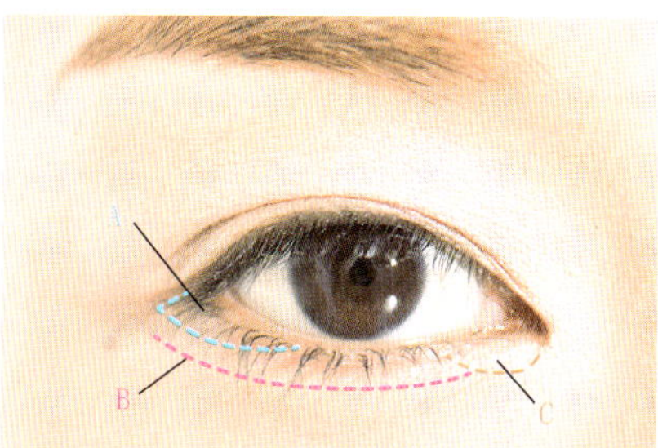

A
收敛色

B
加入珠光的中间色

C
高光

外眼角下垂，能不能让眼睛看起来更有神些　烦恼 4

刷上增强外眼角的眼影来改变形象吧！关键是要娴熟处理上眼皮的收敛色眼影和下眼皮外眼角部分的高光眼影。

眼影要这样涂

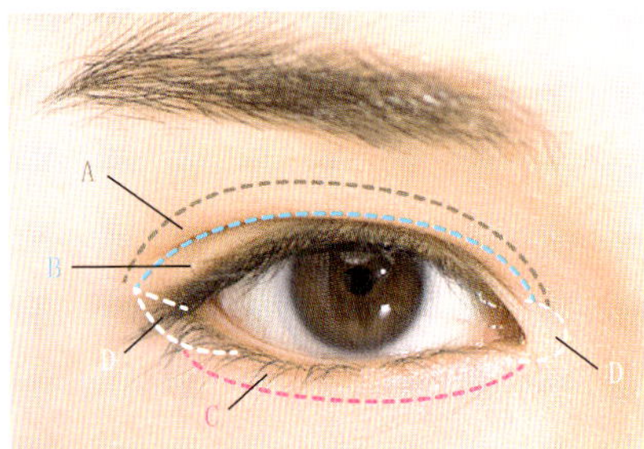

A 底色

B 收敛色

C 中间色

D 高光

1

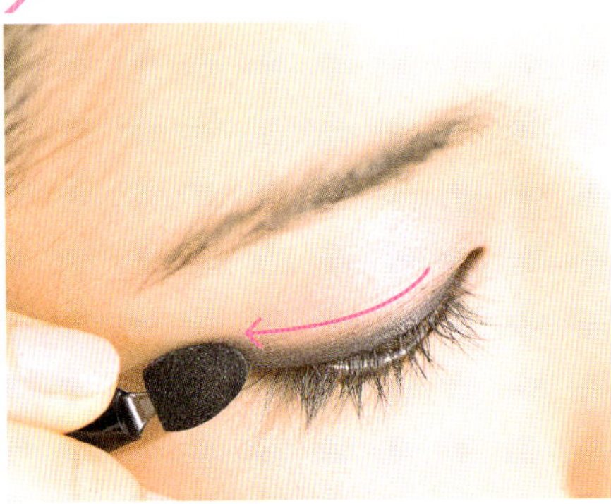

上眼皮外眼角的眼影要逐渐加粗

用粗眼影刷或者指腹蘸取底色涂满整个上眼皮。接着用粗眼影刷的刷头蘸上底色填满睫毛间隙，向外眼角方向渐渐加粗。双色眼影的衔接处用眼影刷或者棉棒轻轻晕开。

2

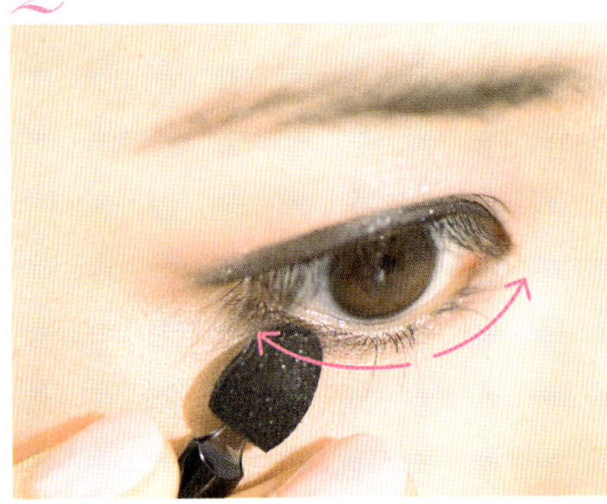

在下眼皮刷上中间色

用粗眼影刷的刷头蘸上中间色，从中央按先向外眼角，后向内眼角的顺序细细涂刷。内眼角部分不要紧贴着眼皮根部，可以错开一些。外眼角部分不要刷得太粗。

3

在下眼皮加上高光粉

用细眼影刷的刷头蘸上高光粉涂在下眼皮外眼角下凹的部分。之后将刷头上残余的眼影刷在内眼角部分，切记要刷得轻盈些。

4

用睫毛膏涂出上扬外眼角

参照第52页方法夹弯睫毛后仔细涂上睫毛膏。外眼角部分用刷头轻轻抵住睫毛根部，即可营造可爱俏丽的外眼角。

睫毛膏

涂上睫毛膏，上下延伸的睫毛会使眼睛立刻显得大而有神。说它有使睫毛增长1.5倍的效果也不算夸张哦。不只是上睫毛，下睫毛也要仔细涂上，睫毛即可发生华丽变身。

睫毛膏的基础
是“要仔细刷涂睫毛根部”

只反复刷睫毛尖梢
是睫毛变蚊子腿或者结团的原因

谁都想让自己的睫毛显得更长些。但因为这样就反复在睫毛尖梢刷涂则是错误的。睫毛打结或者睫毛尖梢变得过于厚重都显得非常不自然。要仔细刷涂睫毛根部，轻轻拉过尖梢即可。这样刷出来的睫毛才浓密又整齐。

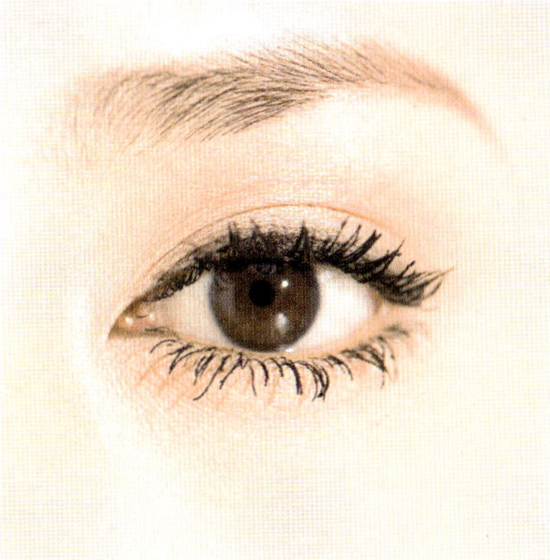

不完美

中间至尖梢部分刷涂过于厚重的睫毛膏

完美

根部刷涂得仔细，尖梢则是轻盈有致的睫毛

分三部分向不同方向刷开睫毛

为了拥有呈扇形展开的美睫，如下图所示将睫毛分为三部分，分别向不同的方向刷涂。中央和外眼角的睫毛从根部开始仔细刷涂，内眼角部分轻轻刷过即可。

从睫毛的中央（1）、内眼角（2）、外眼角（3）等分处开始刷涂。

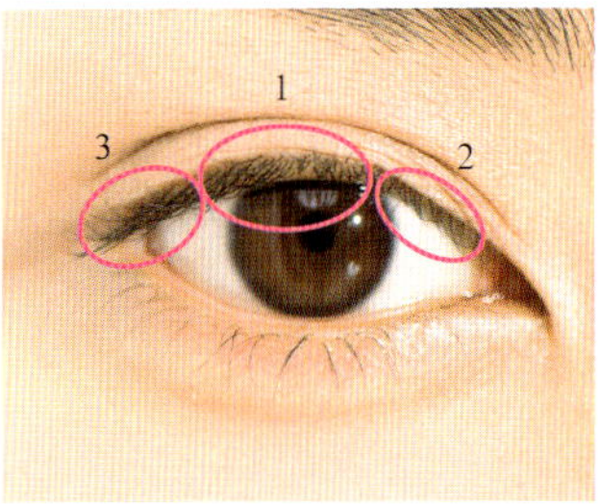

1

刷涂睫毛中央部分

夹完睫毛后开始涂睫毛膏。把小镜子放在稍靠下的位置，眼睛俯视更容易看清睫毛的根部。先开始刷中央的位置，左右小范围拉动睫毛刷向上轻轻提拉睫毛。

2

刷涂内眼角部分

内眼角部分睫毛比较少，睫毛刷抵住睫毛根部后直接刷过睫毛即可。睫毛刷斜向鼻梁提拉，这样可以将睫毛全部刷过。

保持妆容持久的小窍门

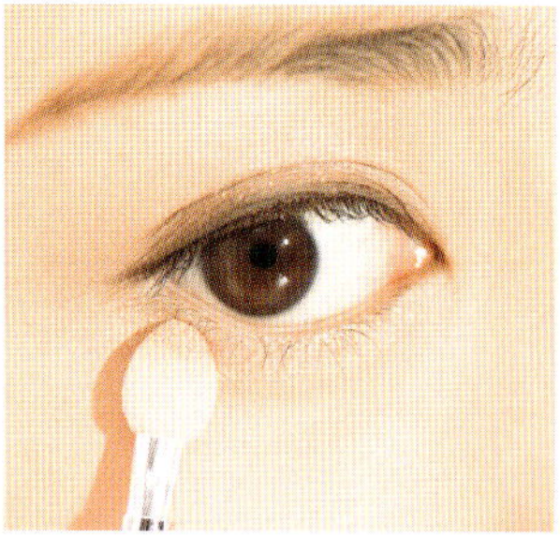

为了防止睫毛膏晕染，要在下眼皮涂上眼影

每次眨眼睫毛膏都会接触下眼皮，时间久了睫毛膏就容易晕染。为了避免熊猫眼，在涂睫毛膏之前要在下眼皮涂上眼影。这样盖住眼皮，就能减少睫毛膏的晕染。

3

刷涂外眼角部分

外眼角部分参照眼部中央的涂法。这时也要尽量斜向外拉出睫毛。分中央、内眼角和外眼角分别涂完以后，最后从根部向上轻轻提拉，整体重复刷涂一遍。

4

涂下睫毛

依然按中央、内眼角和外眼角三部分，分别从睫毛中间刷向尖梢，用睫毛膏本身的重量向下调整睫毛。接着，从睫毛根部开始刷涂睫毛膏，轻快地刷向睫毛尾端。

要把睫毛刷得自然，从睫毛根部开始夹睫毛也是很关键的一步。

1

拿着镜子确认睫毛的根部

如图所示，靠下拿着小镜子俯视，就很容易看清楚睫毛的根部。首先用睫毛夹夹住这个位置。

2

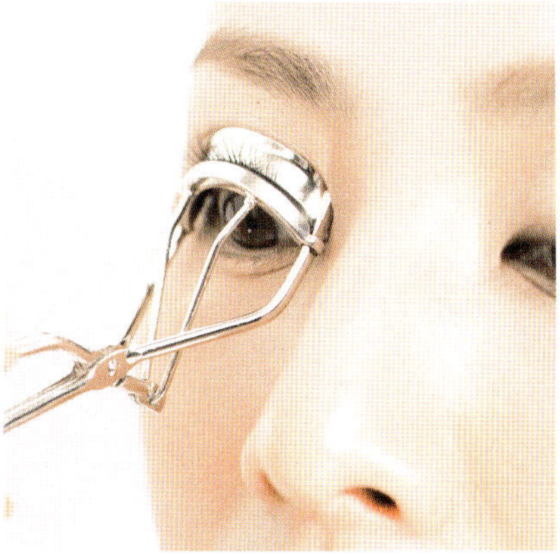

夹睫毛根部

在睫毛夹贴合住从内眼角到外眼角的所有睫毛，并确认没有夹住眼皮后，使劲压紧睫毛夹，这样睫毛根部便自然卷翘起来。

3

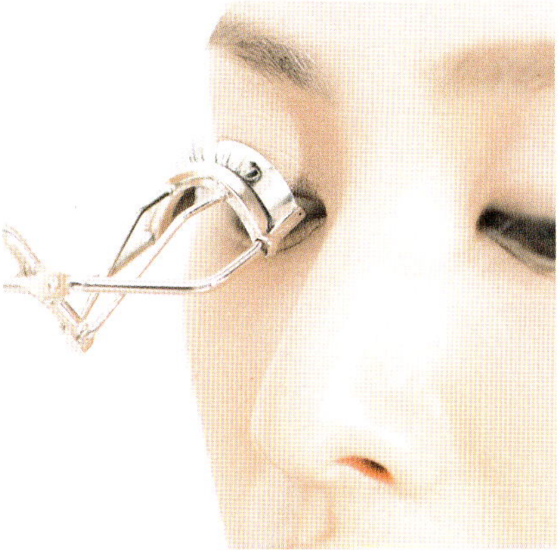

夹睫毛中间

手松一下，把睫毛夹从睫毛根部小心地移到中间位置压紧。向上抬起握住睫毛夹的手肘，使睫毛呈现自然的弧度。

4

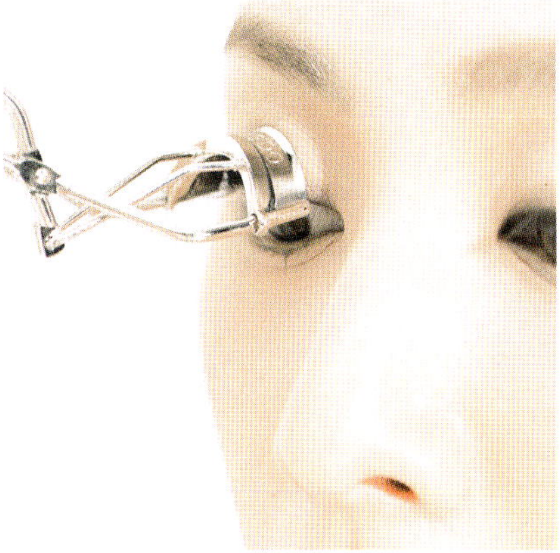

夹睫毛梢

最后将睫毛夹移到睫毛梢后压紧。分三次夹睫毛可以夹出漂亮自然的卷翘度。

完成!

进阶课程

分别刷涂不同的睫毛膏，营造浓密、纤长、卷翘的迷人睫毛

为了使睫毛更纤长、更浓密，有人会考虑反复刷涂睫毛膏，这样反而会使睫毛因为睫毛膏的重量而下垂。为了避免这种情况，推荐大家同时使用卷翘型睫毛膏和自己喜欢的睫毛膏。先刷上卷翘型睫毛膏后，睫毛就不会因睫毛膏而下垂，并能保持向上卷翘。

先刷上卷翘型睫毛膏

参照第52页方法夹好睫毛后，先刷上卷翘型睫毛膏，从睫毛根部开始用心刷涂。

想要更浓密

重复刷涂浓密型睫毛膏。参照第50～52页基本涂法，从睫毛根部开始仔细刷涂，以营造浓密感。

想要更纤长

重复刷涂纤长型睫毛膏。涂法和第50～52页基本涂法大致相同，但是为了营造纤长感，要反复从根部轻轻刷过睫毛梢，纤维和纤维之间连接起来，睫毛方可越刷越长。

单品推荐

1 **卷翘型睫毛膏**

瞬间营造卷翘感。

INTEGRATE 完美意境大眼卷翘睫毛膏/资生堂

2 **浓密型睫毛膏**

拥有丰盈浓密的睫毛。

夜境幻宴公主黑色羽绒浓密睫毛膏/资生堂

3 **纤长型睫毛膏**

丰富纤维，拉长睫毛。

COFFRET D'OR金炫光灿魅幻长卷睫毛膏/嘉娜宝

1
2
3

完成!

完成!

进阶课程

用烫睫毛器长时间保持睫毛卷翘

想使睫毛保持卷翘，睫毛经夹过并刷上一层睫毛膏后，尝试用一下烫睫毛器吧。如同用吹风机给头发做造型一样，烫睫毛器可以使睫毛的弧度变得自然且持久。

单品推荐

烫睫毛器

不像睫毛夹那样夹住睫毛，而是直接将发热的月牙形前端按压在睫毛上。

Hollywood电热笔型烫睫毛器/GOODS MAN

1

稍微离开睫毛根部

打开烫睫毛器开关预热。参照第52页方法夹好睫毛后轻轻涂上一层睫毛膏。烫睫毛器变温后先烫眼中央的睫毛，贴住稍微离开睫毛根部的部分保持2秒。离根部太近的话，有可能烫伤皮肤，一定要小心！

2

烫卷睫毛尾端

如箭头所示，烫睫毛器画弧线刷向睫毛尾端。这样睫毛的弧度会非常自然，而且加热的定型作用会使卷翘状态更持久。

3

将内眼角睫毛斜拉向鼻梁

内眼角的睫毛也要用到烫睫毛器。烫睫毛器贴在稍微离开睫毛根部的部分，保持2秒后向睫毛梢刷去。这时把烫睫毛器向鼻梁方向刷过去，睫毛就会呈扇形展开，眼睛也会瞬间变大。

4

仔细熨烫外眼角每根睫毛

最后烫外眼角的睫毛。跟内眼角一样，在稍微离开根部的部分保持2秒，向外斜拉着来刷涂睫毛。之后，整体叠刷上一层睫毛膏，即可营造丰盈浓密的视觉效果。

进阶课程

尝试假睫毛

用假睫毛简单打造无限纤长浓密的睫毛。如果因为看起来很难而放弃尝试未免可惜，可以将假睫毛剪成三段，这样可能容易上手些。请一定尝试一下哦！

1

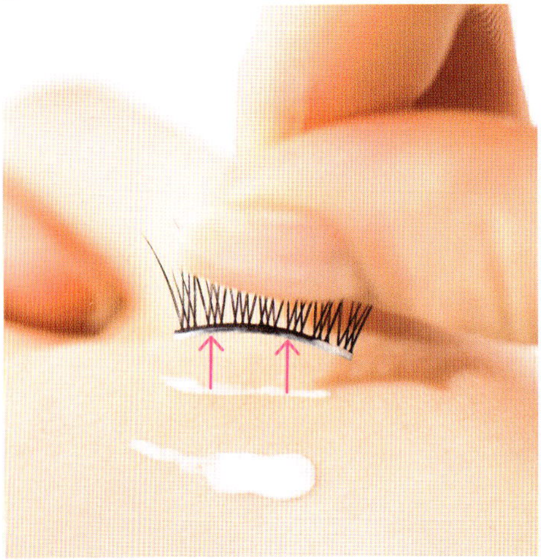

在假睫毛的根部涂上黏着剂

先把自己的睫毛夹成理想的弧度。接着将黏着剂挤到手背备用，拿住假睫毛的中央位置将黏着剂涂抹在假睫毛的根部。之后，在手背上调整一下黏着剂的量，使假睫毛根部被薄而均匀地涂上一层即可。

2

从中央开始粘

从眼中央（瞳孔的正上方）开始把假睫毛轻轻粘在睫毛根部。如果没有贴紧睫毛根部会显得很不自然，需注意！

用剪刀把假睫毛剪成三段，
开始吧！

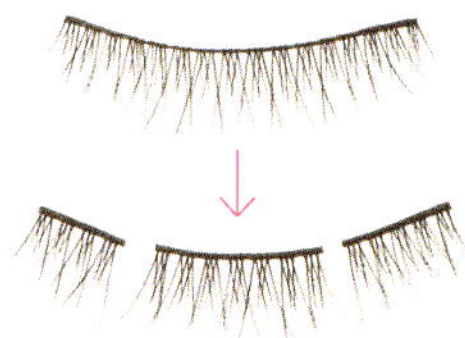

3

用棉棒轻压至完全粘住

用棉棒轻压假睫毛根部和睫毛根部直至完全粘住。接着，粘外眼角部分和内眼角部分的假睫毛。要注意三部分之间不要留有空隙。

4

最后刷上睫毛膏

整体确认一下假睫毛根部有没有开胶。黏着剂变透明后刷上睫毛膏。然后仔细刷涂睫毛根部，将自己的睫毛和假睫毛刷到一块儿即可。

完成!

使用分段假睫毛改变眼形

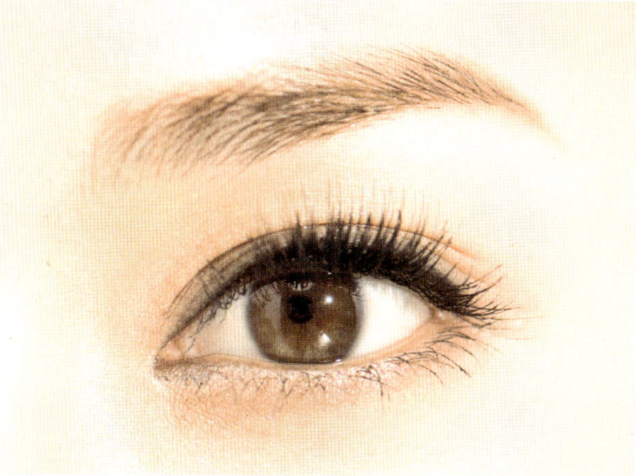

想增加

眼睛的高度

只使用剪成三段的假睫毛的中间部分，粘在瞳孔的正上方部位。高度的增加使眼睛显得大而有神。

想增加

眼睛的长度

只使用剪成三段的假睫毛的外眼角部分。这样可以突显眼睛的长度，让人从眼形上显得楚楚可怜。

烦恼 1

因为睫毛稀疏，刷了睫毛膏也不显得浓密

使用睫毛底膏后，每根睫毛都会变得更强壮。睫毛自然会显得丰盈浓密。

单品推荐

睫毛底膏

在刷睫毛膏之前刷涂睫毛底膏，不但可以增加睫毛的分量，而且可以滋养护理睫毛。

三重修护浓长睫毛底膏/兰蔻

1

上睫毛要刷上底膏

夹过上睫毛后，涂上睫毛底膏。睫毛膏要先刷中央的睫毛，从根部向睫毛梢仔细刷涂。内眼角部分和外眼角部分都照此处理。

2

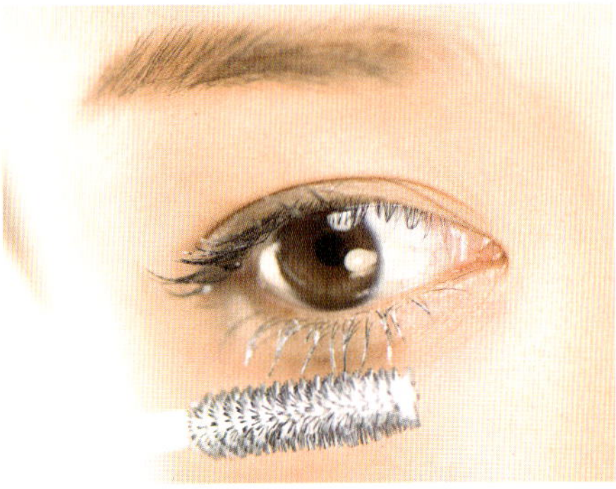

下睫毛也要刷上底膏

和上睫毛相同，先从下睫毛的中央开始刷，从根部轻轻提拉刷向睫毛梢。之后，刷涂内眼角部分和外眼角部分。非常短的睫毛也要仔细刷到，这样会使下睫毛分量感增加。

只刷睫毛膏

刷底膏+睫毛膏

根根睫毛强壮，眼神清晰有力

3

在上、下睫毛分别刷上睫毛膏

在底膏完全干透之前参照第50～52页基本涂法刷上睫毛膏。要整体仔细刷涂，以睫毛膏完全遮盖住白色底膏为宜。

烦恼2

「涂睫毛膏的时候，经常会沾到眼皮上」

用厚纸剪出弧度，涂睫毛膏时垫在眼皮前面。这样就不用担心睫毛膏会沾到眼皮上，能放心地从睫毛根部仔细刷涂了。

用的是这些产品

厚纸

准备比眼睛宽1厘米的厚纸，在下缘剪成1厘米高的扇形来用。不用的名片也很好哦！

垫在上眼皮前面涂睫毛膏

把厚纸有弧度的一端轻轻垫在上睫毛根部。全部涂好后拿掉厚纸即可。

烦恼 3

「重复涂睫毛膏的时候，总是结团，涂不好」

使用睫毛梳就可以简单搞定。关键是要在睫毛膏没有干透时梳开。

1

竖起梳子梳开睫毛梢

从上睫毛根部仔细向睫毛梢梳理，在睫毛膏没有干透时把结团的地方梳开。这个时候竖起梳子来梳，就只把结团的部分梳开，而不会梳掉好不容易涂上的睫毛膏。

单品推荐

睫毛梳

能更好地梳理睫毛的极细金属睫毛梳。

CHASTY折叠金属睫毛梳（粉色）/SHANTI

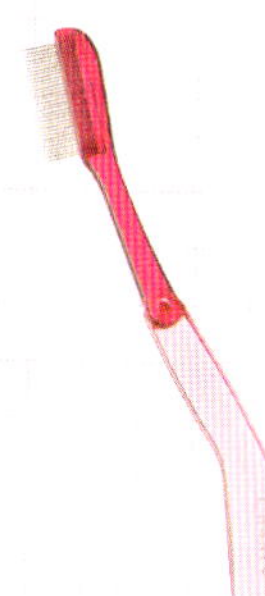

2

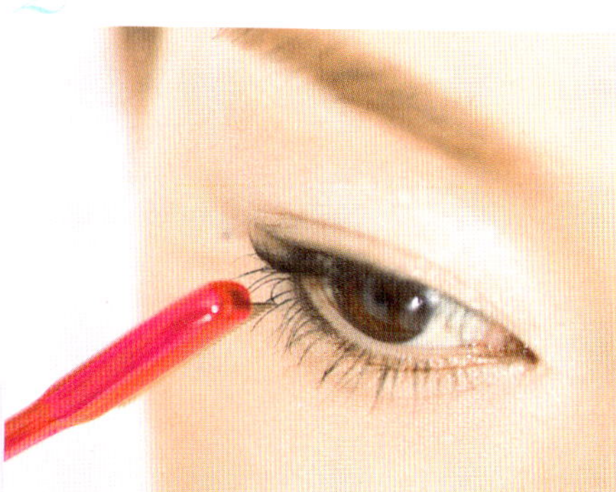

下睫毛也要仔细梳开

在下睫毛涂好睫毛膏后，在睫毛膏没有干透的时候梳开粘连在一起的睫毛。这个时候也要竖起梳子才好哦！

腮红

洋溢着幸福的表情里可少不了腮红哦。腮红不光可以“打造”健康气色，也可以让脸颊有立体感，呈现鲜明轮廓。原本脸颊发红的人，也可以刷上合适颜色的腮红调整，让脸部看起来简练利落。

腮红的基础
是"刷在本来有血色的位置"

刷在微笑时脸颊鼓起来的位置最保险

腮红的作用是提升脸颊气色。"本来有血色的位置"指的是脸颊的中心，笑起来时鼓起的部分。因此，从这个位置开始刷向脸颊两边会显得自然。另外，颜色选择以跟血色最为接近的珊瑚色为宜。

腮红要刷在这里！

正对着镜子微笑一下，从脸颊鼓起来的位置(虚线框) 开始刷。

基本刷法

刷在正确的位置后用手指仔细揉匀，就可以拥有自然的红润脸色

想要自然红润，关键是腮红刷的位置和仔细揉匀衔接的部分。另外，一次不要蘸太多，使用时每次的腮红量要少，可多刷几次直至效果完美。

不同颜色的腮红带来不同印象

使用珊瑚色以外的颜色可以带来不同的效果。
根据自己的需要选择颜色。

想要 健康朝气	想要 精致优雅	想要 可爱甜美
↓	↓	↓
橘色	玫瑰色	粉红色

1

把刷子上的腮红揉匀

用腮红刷或者其他刷子蘸满腮红，在手背上来回刷1～2次，把腮红仔细揉匀。

2

从笑起来时脸颊鼓起的位置开始向外刷

从微笑时脸颊鼓起的部位横刷向脸颊两边，直至刷到侧面颧骨突出的位置为止。

3

来回刷涂加重色彩

在2中停下的位置返回，刷向开始的位置。用镜子确认，如果颜色有些淡就重复2～3的步骤。

4

用手指揉匀衔接的部分

用无名指的指腹轻轻揉开腮红的外侧部分。如果揉得过于用力，腮红会被擦掉或者涂抹不均匀。最后，用小镜子和大镜子对照着看脸颊部分是否揉匀。

用腮红营造享受日光浴后的健康肤色

夏日非常时尚的妆容技巧是使用砖红色的腮红来营造享受日光浴后的健康肤色。腮红刷在阳光容易晒到的位置即可，调整用量，以不刷得太重为宜。一定要试一下哦！

腮红要刷在这里

容易晒到的位置是颧骨突出的部分、额头和下巴尖等骨标记较高的位置。在这些位置刷上砖红色的腮红，就能瞬间拥有日光浴后的健康肤色。

营造日光浴后效果的腮红首推砖红色

稍带些棕色的砖红色最接近享受日光浴后的肤色，自然健康。

1

从容易晒到的脸颊开始

参照第68页基本刷法，在刷子上蘸上腮红。一般腮红要刷在微笑时脸颊鼓起的位置，但要想营造日光浴后的效果，则要刷在稍微高些的位置。左右横刷，但无须再次蘸取腮红。

2

鼻梁中间也轻轻刷下

立起刷子轻轻地刷下鼻梁。刷的高度应跟脸颊处所刷的位置相同。

3

额头的中央部分也要刷一下

额头的中央（眉峰内侧）大面积轻轻刷过。刷上淡淡的一层即可。

4

最后在下巴尖刷上一笔

最后在下巴尖刷上一笔，只需一点即可。这样一来，容易晒到太阳的脸部中心刷深色，外侧则稍淡些。浓淡相宜，妆容就显得自然。

进阶课程

掌握多色腮红的用法

选择从亮色到深色的3~5色浓淡相间的腮红盒。多色腮红不仅可以做腮红，还可以做遮瑕打底、高光提亮的多用单品。只要掌握了正确的用法，就能轻松营造气色饱满的立体妆容。

多色腮红要刷在这里

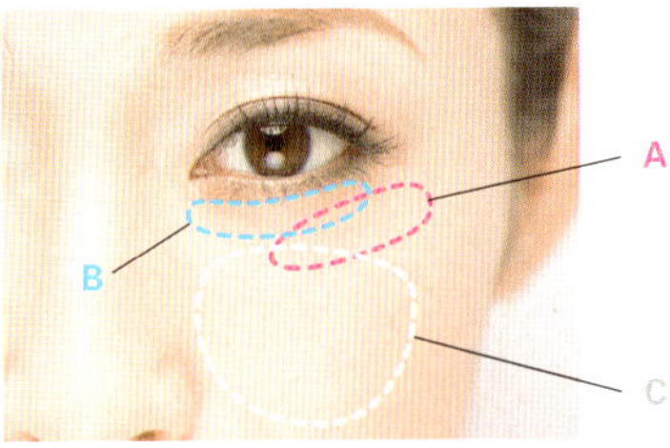

这里以珊瑚系的5色腮红为例说明刷涂的位置。首先混合两种深色的C作为腮红。中间色的B轻轻刷在下眼睑可以修饰黑眼圈。最后，混合两种亮色的A作为高光。这样妆容就显得亮丽又有层次感。

多色腮红

推荐使用3~5色的珊瑚系多色腮红。

COFFRET D´OR盈透修容立体腮红OR-24/嘉娜宝

1

深色的作为腮红

用刷子蘸取深色腮红C，在手背上调整用量后刷在脸颊上。首先涂在微笑时脸颊鼓起的位置，然后横着刷向脸颊两边。反复刷涂直至腮红颜色柔和。

2

用纸巾清洁刷子

在涂下个颜色之前，用纸巾仔细清洁沾在刷子上的腮红，就不会弄脏其他颜色。对折纸巾，用手指在纸巾上划过一道凹痕。用刷子在凹痕上刷涂，这样可以去掉沾在刷子上的腮红。

3

中间色修饰黑眼圈

用刷子尖蘸取少量多色腮红中的中间色B。如果下眼睑有黑眼圈，就用刷子尖从内眼角细细地刷向外眼角。没有了黑眼圈，表情就瞬间明亮起来。

4

用高光打造立体感

再一次清洁沾在刷子上的腮红后，蘸取浅色高光A，从外眼角沿着颧骨上方的部分刷。涂了高光提亮后，脸颊看起来就更立体。

唇膏

嘴唇是最能体现女性魅力的部位。正确涂抹唇膏，可显得优雅娇艳。我们的目标是富有清洁感、嘴角轻扬的双唇。让生动的双唇给人带来好印象吧！

唇膏的基础
是“用唇刷勾勒唇线”

用唇刷先勾勒唇线，这样可以防止唇膏涂到嘴唇外边，让唇妆看起来精致整齐。

勾勒轮廓鲜明、饱满丰润的唇部，先用唇刷勾勒轮廓非常重要。之后，在唇中央多用些唇膏就可以勾勒出完美双唇。最近有很多膏体柔软、透亮有质感的唇膏，如果直接用唇膏反复涂抹，唇膏容易涂到嘴唇外而成为败笔，用唇刷勾勒出饱满精致的双唇吧！

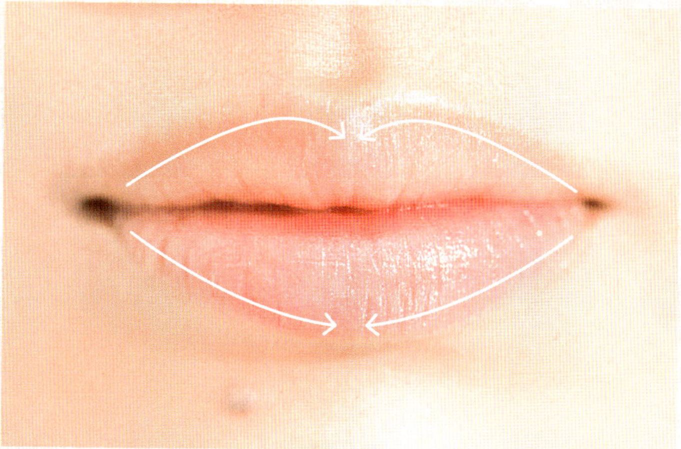

上唇和下唇分别从两侧向中央勾勒出唇线

基本
涂法

勾勒唇线时刷上淡淡一笔即可，唇中央可适当多涂些。不同部位涂的量也要有所区分

用唇刷涂唇膏时，在轮廓部分淡淡一抹，而唇中央可以适当多涂些。这样就不会涂在双唇轮廓外，中央部分也会显得比较饱满丰盈。勾勒唇线时，微笑时嘴角上扬最方便涂抹哦！

刷涂唇蜜时也要用唇刷细心刷涂

涂了唇膏后再刷唇蜜时也要用唇刷来完成。不要涂到唇线轮廓，只在中央反复涂抹就可使嘴唇显得光泽丰润。

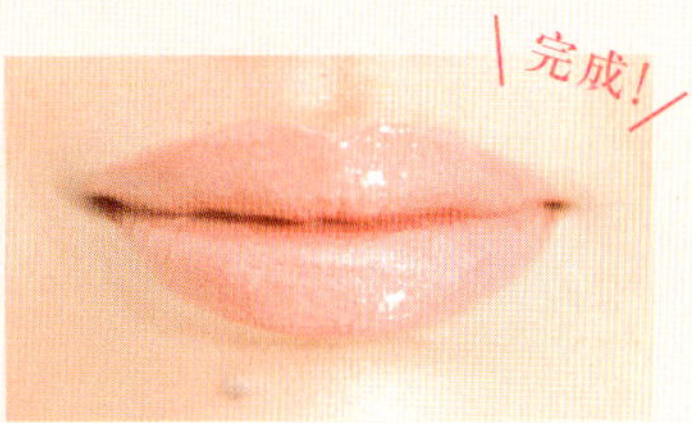

1

唇刷蘸满唇膏

用唇刷轻刷唇膏的表面蘸取唇膏。勾勒唇线时，需要唇刷来回2～3次蘸取的用量。而涂嘴唇中央时，要让刷子内部也蘸满唇膏才行哦。

2

先画下唇的唇线

稍微张嘴，扬起嘴角。刷子斜贴着嘴唇从嘴角向中央刷出唇线。另一侧的嘴角重复相同步骤，在中央部分重合。

单品推荐

唇刷

有适当的硬度，不是太细的刷毛用起来很方便。

LISSAGE平口唇刷/LISSAGE

3

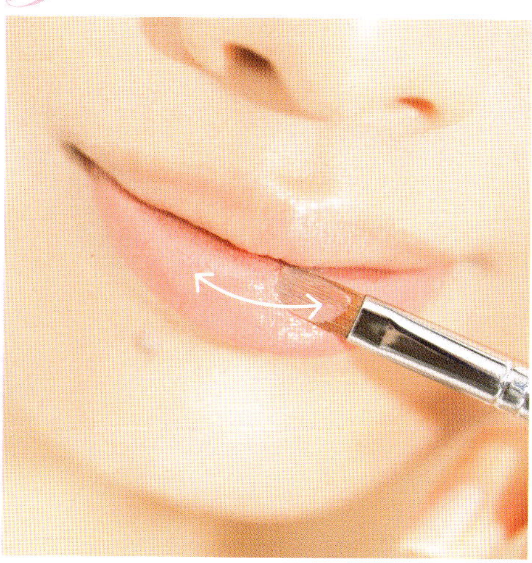

刷涂嘴唇中央

唇刷上蘸满唇膏，在唇中央开始向左右刷涂。

4

上唇重复相同步骤

唇刷蘸取唇膏后，从上嘴角开始刷向唇峰。涂了两边的唇线后在唇中央部分反复涂抹。

掌握让双唇更饱满丰盈的方法

使用带有珠光的唇线笔让唇部更丰满，关键是唇线笔只能用在想强调丰润感的部分。强调的部分高光提亮后，嘴角轻扬时唇部丰润有光泽，显得更立体。

唇线笔画在这里

上唇

勾勒唇峰，可以增强上唇的立体感，使上唇娇艳生动。

下唇

在最饱满的中央部分涂画半圆，使下唇自然有丰润感。

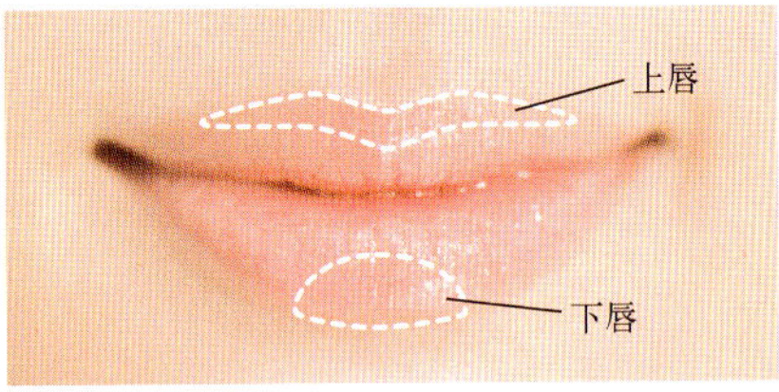

1

用珠光唇线笔在唇峰描画

在涂唇膏之前参考上图，从上唇的唇峰到两侧嘴角各外延约1厘米的位置，唇线描涂得略粗些。要紧贴着唇线仔细描涂。

2

下唇中央也用唇线笔描涂

用唇线笔在下唇描涂中央至左右各约1厘米的范围。用唇线笔向中央画半圆，画的范围渐渐变窄。

3

用手指晕染唇线

从外向内用手指轻轻拍匀衔接部分。这样描画的部分显得光泽丰润且衔接自然。然后，将唇膏从嘴角涂向中央部分，并将双唇整体涂透亮。

单品推荐

带有珠光的唇线笔

富含珠光的淡粉和浅驼色的唇线笔最合适。

Beaute de kose Classure 美谛高丝W双头唇线笔R-1/CLASSURE

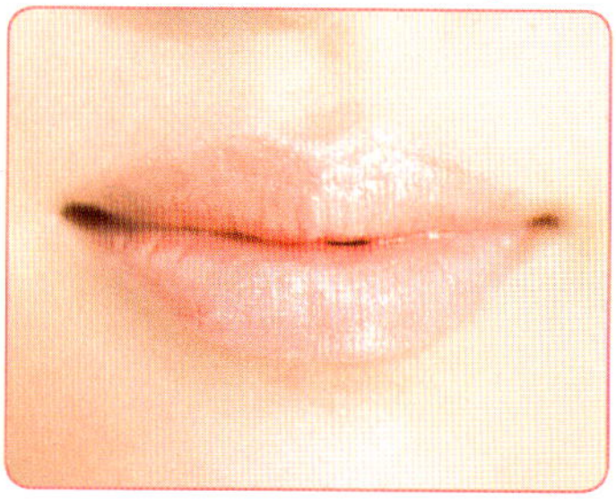

使用唇彩

兼有唇蜜的光泽感和唇膏的色彩饱和度的唇彩是极为便利的单品，只需这一件就可以营造光泽有质感的唇妆。

用刷子描出唇部轮廓，视觉效果透亮精致。

单品推荐

唇彩

质地柔软有质感。多数附有刷头或刷子。

AUBE 星灿美型高保湿唇彩 PK164/索菲娜

1

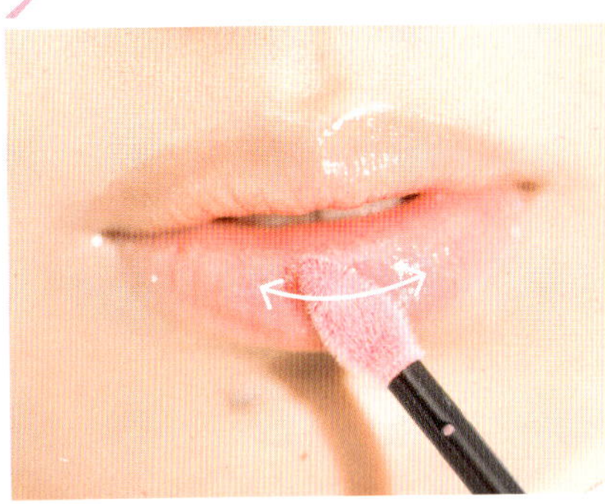

先涂下唇中央

不要直接涂嘴角。唇彩质感柔软，如果全堆到唇形轮廓处就会很不自然。用唇刷蘸满唇彩后先从下唇中央开始涂。唇刷贴着嘴唇从中央向左右涂抹直至嘴角。

2

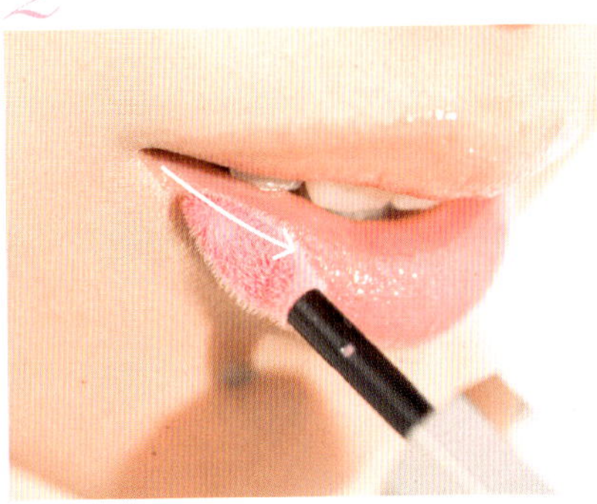

嘴角的唇线用唇刷的侧面来画

用唇刷的侧面抵住下唇的一侧嘴角，向中央画唇线。另一侧重复操作。

3

上唇也从中央开始

和下唇一样，唇刷上蘸满唇彩后从中央向左右涂开。

4

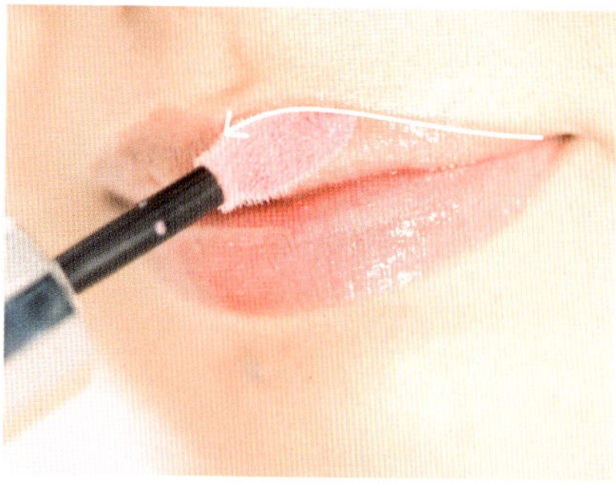

上唇的唇峰要用到唇刷的刷头

用唇刷的刷头从一侧嘴角开始向唇峰画唇线，另一侧重复操作。

求教！尾花老师 唇膏的烦恼

烦恼 1

嘴角有些下垂，涂了唇膏但显得很落寞

同时使用遮瑕产品和唇线笔，修整一下唇形就能使双唇立体饱满，散发无穷魅力。

单品推荐

遮瑕笔

质感柔软的液状遮瑕笔。粉从前端挤出更容易推匀。

MAQUILLAGE心机美人遮瑕液/资生堂

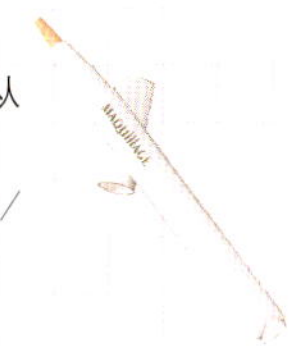

唇线笔

瞬间融进双唇的浅珊瑚色和添加珠光成分的双头设计，非常方便。

Beaute de kose Classure 美谛高丝W双头唇线笔R－1/CLASSURE

1

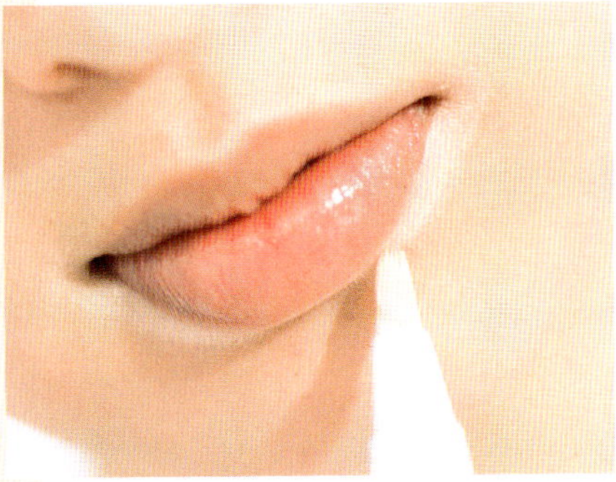

用遮瑕液修整下唇嘴角的线条

从嘴角到下唇外缘涂上比皮肤亮一号的遮瑕液。先用遮瑕液覆盖住不甚鲜明的唇部轮廓，再进行修整。用亮色的遮瑕液提亮，能让嘴角显得轻快上扬。

2

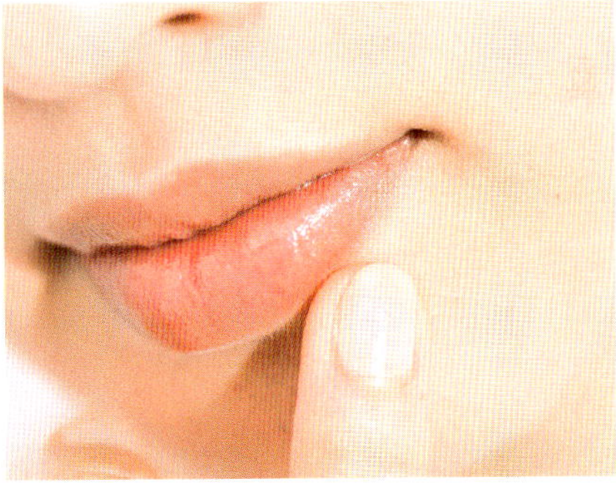

晕开揉匀遮瑕液

用指腹轻拍遮瑕液的外侧，使之与周围皮肤衔接自然。轻涂揉匀衔接部分可以很自然地修饰唇部轮廓。

3

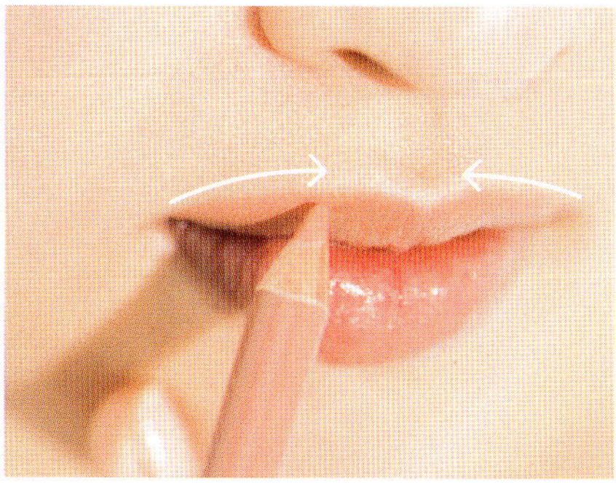

用唇线笔勾勒上唇轮廓

接着修整上唇的轮廓。先用浅珊瑚色的唇线笔勾勒出轮廓。从嘴角涂向唇峰，稍微超出嘴唇本来的轮廓一些。

4

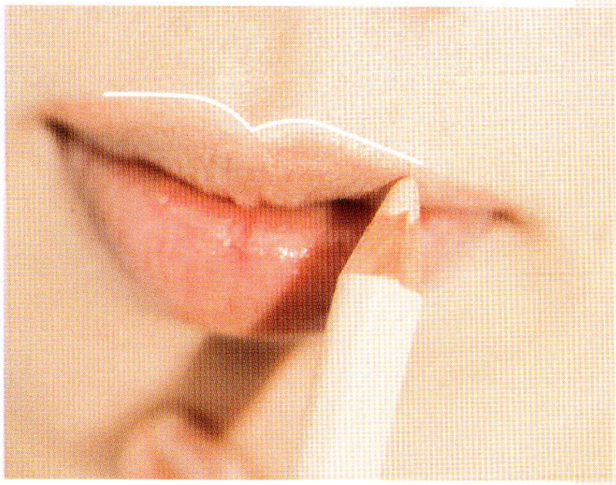

上唇唇峰用珠光唇线笔增强丰润感

上唇的唇峰部分用含有珠光粉质的唇线笔勾勒。稍微涂出嘴唇轮廓一些可以增强丰润感。珠光能让唇部更饱满立体。

5

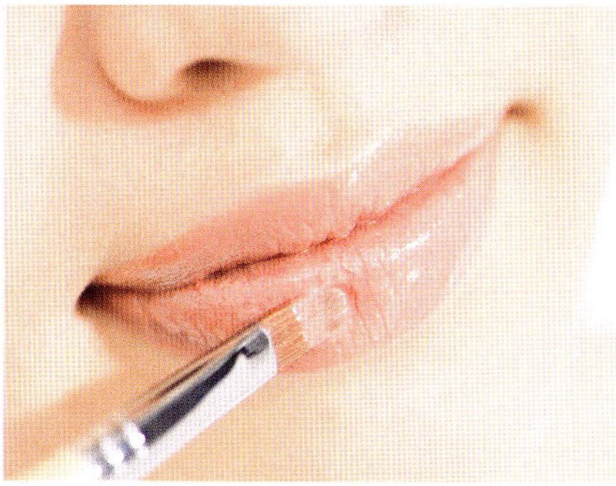

整体涂上唇膏

1～4步修整完唇部轮廓后，用唇刷蘸满唇膏从中央向嘴角涂开。用唇刷涂满整个唇部，衔接部分要仔细涂匀。轻轻压住上唇唇线，不让唇线显得突兀。

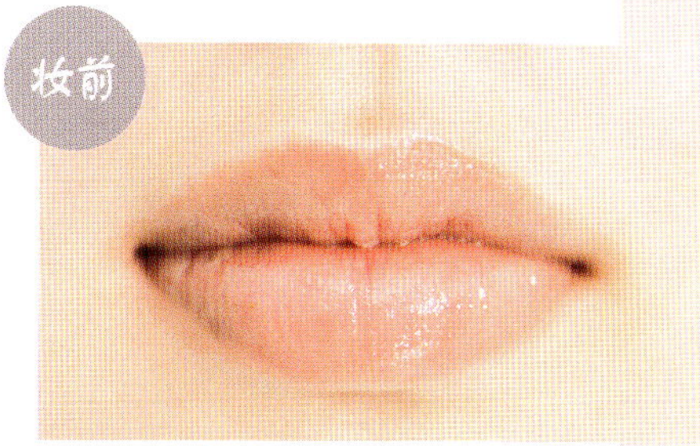

嘴角轻扬，更有魅力。

烦恼2

「嘴唇一直发干，涂唇膏总是涂不好」

要是嘴唇干燥翘皮的话，就需要用润唇膏和保鲜膜来做唇膜。切不可使劲撕扯干燥翘起的唇皮！

1

涂上大量的润唇膏

用手指蘸取润唇膏涂抹双唇，使用量为平时的5倍左右。如果是管状唇膏，直接涂抹即可。

2

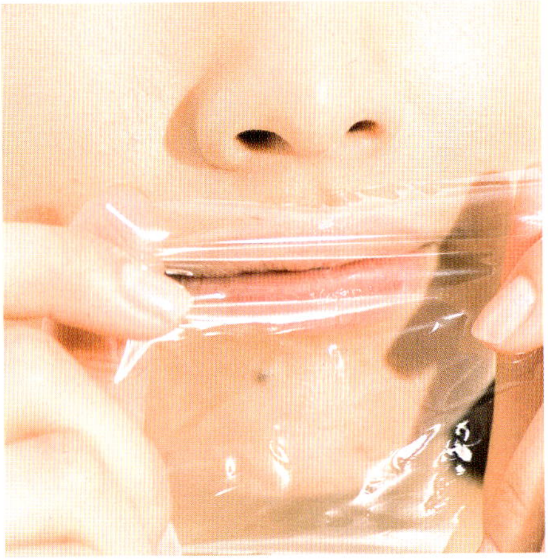

用保鲜膜做5分钟的唇膜

剪出比嘴唇大上两圈的保鲜膜贴住嘴唇，敷5分钟。如果觉得呼吸不顺，也可以在唇中央的部分开一个小口。这样可以充分软化死皮和干燥的部分。

即使涂上同款唇膏也有如此的不同。嘴唇表面滋润光滑，唇纹也淡化不少。

3

用棉棒轻轻拭去死皮

取掉唇膜，用棉棒头在嘴唇上轻轻打转，拭去死皮。不要用力撕扯，应轻轻擦拭嘴唇表面。如果不能完全拭去死皮，就重复之前的步骤。做唇膜的时间尽量延长是关键。充分软化滋润后，即刻涂上唇膏。

粉底

如完全未施粉黛般，却比素颜更光洁细腻。这么完美的皮肤只需要正确涂抹粉底就可轻易实现。完全感觉不到肌肤和年龄问题，就能拥有焕发自然光泽的肤色。

粉底的基础
是“根据脸部不同部位做到厚薄适宜”

脸颊和额头等大范围的部分适当涂厚些，
脸部轮廓和其他细小的部分可以涂得薄些。
这样可以增强面部立体感又显得清新自然。

如果全脸涂得一样厚薄，就会使肌肤过度苍白，像面具般不自然。

想要遮盖的部分适当多涂些，另外的部分薄薄一层即可。若涂抹得厚薄适宜，就会宛如未施粉黛般的清新自然。而且，涂得厚些的地方会有提亮的效果，让妆容更有立体感。

斜线部分要仔细涂抹，其余部分拿用过的海绵（粉底液的话用手指）不再蘸粉底轻轻拍上薄薄一层。

基本
用法

隔离霜

要想粉底自然服帖，在涂粉底之前必须要涂好隔离霜

粉底可以修饰提亮肤色，所以之前就不必再用其他化妆品了吧？说不定有许多人会这样想。但要涂好粉底，隔离霜是必不可少的。隔离霜调整修饰肤色的暗沉后，粉底自然就用得少些。另外，隔离霜可以保护皮肤免受紫外线和干燥的侵害，全脸都要仔细涂抹哦！

推荐那些防紫外线且保湿效果好的产品。

1

涂抹全脸

在手心上挤出小豆粒般大小的隔离霜。用中指和无名指蘸取一侧脸颊的用量，沿着脸颊从内向外涂开。剩下少量的隔离霜从额头中央涂向发际，之后在鼻子、眼角和嘴角等细微部分也要仔细涂上。这样就像给全脸做了一层滋润面膜。

2

检查是否涂匀

在全脸涂开之后，用镜子检查是否有色差。如果有色差，就用海绵拍匀。之后，用手背轻贴住脸颊，使隔离霜融合服帖即可。如果不够滋润，可以适当再补些隔离霜。

想改善肌肤暗沉的人，也可以用修饰隔离霜

含有珠光的淡粉色或者白色的修饰隔离霜可以更好地解决肤色暗沉问题。因为颜色偏白，只需要在稍显暗沉的脸部中央涂抹。不仅可以完美遮盖暗沉，还可以提亮肤色，营造立体感。如果涂了防晒霜，涂完再涂修饰隔离霜。

单品推荐

修饰隔离霜

珠光的反射作用，让肌肤更加晶莹透亮。

立体光晶透饰妆前乳/隔离/桑丽卡SONIA RYKIEL

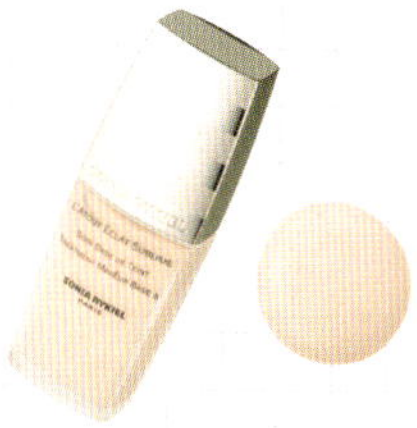

涂在肤色暗沉的部分

在手心挤出适量的隔离霜。用中指蘸取隔离霜，涂在外眼角和鼻尖连线以内的部分，以及上眼皮、额头中央和下巴等肤色暗沉的部分。

2

用指腹推抹均匀

点好的隔离霜用手指推抹均匀。脸颊两侧若没有暗沉的问题，不抹也行。

3

用海绵使其服帖

之后用涂粉底液的海绵轻轻拍压涂有隔离霜的部分，使其与皮肤充分融合后，肤色即显得自然轻薄。

基本用法

粉饼

根据涂的部位决定海绵蘸取粉底的量，这样可以均匀涂抹

粉饼的魅力在于能让皮肤细腻光滑。

为了让粉妆自然，需要调整海绵蘸取粉底的用量。大面积的、想要重点遮盖的如从脸颊到下巴的部分粉底要涂厚些，额头到鼻梁部分则要适当涂薄些。T区指如下图所示的额头至鼻尖的虚线区域。

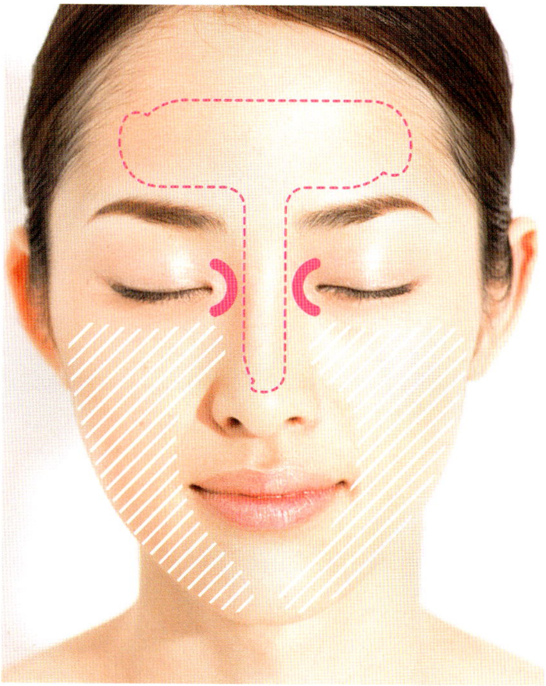

眼睛下面到脸颊、下巴部分，一侧脸颊需要蘸满1/2海绵量。

额头到鼻梁处，以蘸满1/4海绵量为宜。

内眼角的外缘部分不用涂抹。

其他部分用海绵上残余的粉底轻拍涂抹。

1

首先涂脸颊

蘸取1/2海绵的粉底，从眼角下方直到外眼角下方部分，按箭头所指方向仔细分三次涂上粉底。然后向着下巴方向涂抹。之后再次蘸取粉底，以同样的步骤涂抹另一侧脸颊。

2

完成额头和鼻梁部分

接着蘸取1/4海绵的粉底，水平方向涂抹额头下方（❶），然后向发际线方向涂开（❷）。之后，把海绵上残余的粉底轻轻擦过鼻梁（❸），最后鼻梁两侧和鼻翼也轻压一下（❹）。

为了让海绵能均匀涂开粉底，需要用手指整个夹着海绵。涂抹的时候不要太用力。

3

涂抹细微的部分

大面积涂抹之后，眼部和嘴巴周围细小的部分也要用海绵上残余的粉底轻轻拍涂一层。用海绵的一角把边际部分仔细涂上。内眼角部分要刻意留下不涂，使肌肤散发自然光泽。

如素颜般轻薄，却又完美遮瑕。

4

向脸颊外侧轻轻涂开

完成前要切记把在／涂抹的粉底向脸颊外侧晕染涂开。海绵不再蘸取粉底，拿着海绵的一半位置轻拍／涂抹的衔接处，向耳朵和颈部轻轻拍匀。

拿到海绵的一半位置时，涂粉底时就不会太过用力。

基本
用法

粉底液

用中指的整个指节一口气推涂粉底液就可以涂抹均匀

营造素颜感的粉底液，如果用指尖涂抹，需要来回涂好几次。这样也很容易涂抹不匀，出现纹路。用中指的整个指节一口气推涂，是涂匀粉底液的要领所在。另外，涂抹时用中指，匀开时要换成无名指。

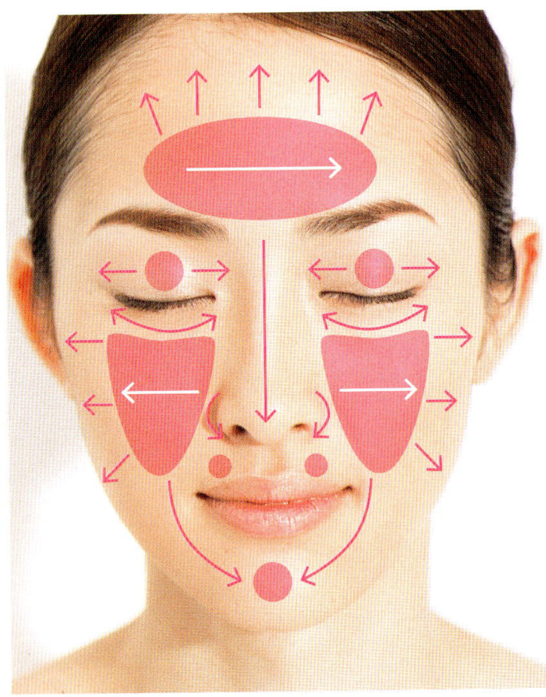

涂抹和匀开的范围

● …………涂抹粉底液
（范围内的箭头表示涂抹的方向）

→ …………匀开粉底液

1

用手指蘸粉底液

首先，在手心挤出适量的粉底液。用中指指节蘸满粉底液够涂一侧脸颊的用量。

2

用无名指向周围涂匀

用无名指轻轻匀开周围衔接处。注意不要太过用力以防涂不匀。另一侧脸颊、额头重复同样步骤。之后，轻轻擦过眉间到鼻梁的部分。最后，嘴巴上面、下巴和上眼皮等细微的部分用中指的指尖蘸取极少量的粉底液，用无名指涂匀。

3

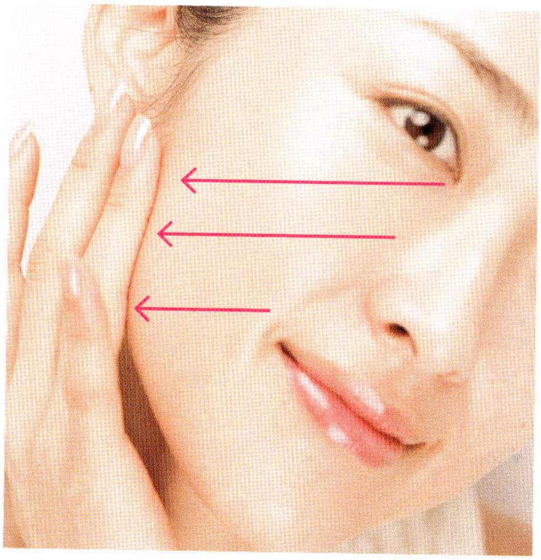

用中指大面积涂抹

中指的指节紧贴着脸颊，指尖位于内眼角下方，直接向外侧一口气推开。脸颊外侧不用涂，在侧面颧骨高出的部分停下来即可。

4

用海绵大面积轻压

用海绵轻压可以吸收多余的油脂，让粉底液和肌肤进一步贴合。首先，用三根手指轻轻夹住海绵，用面积大的一面轻快按压。要注意不要太用力或者擦拭。

5

细微的地方也要注意

鼻翼周围和眼部等一些细微的部分，用折起的海绵的一角仔细涂抹。

6

用蜜粉定妆

为了让粉底不容易脱妆，最后要再扑上一层蜜粉。用粉扑蘸适量蜜粉，在手背上揉掉多余粉后先涂额头部分，之后依次是T区（见第91页图）、两颊、眼部和嘴角等细微部分。这时也须注意不要太用力。

拥有肤色均匀、润泽透亮的肌肤

进阶课程

尝试凝露状的粉底

有一种装在粉底盒子里的凝露状的粉底。

这是膏质软滑的半固体，但用海绵或者手指蘸取时是凝露状的。凝露状的粉底质地清爽且滋润度高，能完美营造由内散发光泽的肌肤。用手指蘸取粉底，只擦涂于需要遮瑕的部位。

1

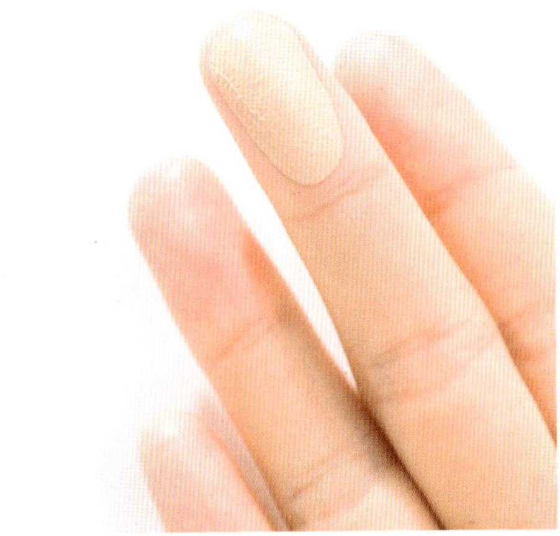

用中指蘸取粉底

用中指指腹轻抚般地蘸取粉底。蘸满够涂一侧脸颊的用量即可。

2

在脸颊处晕开

蘸了粉底的手指在脸颊中央画圆，直到涂满脸颊。这时也不必涂到脸颊外侧。

3

匀开粉底

用无名指把粉底和周围的衔接处仔细匀开。先向脸颊外侧推匀，接着是鼻翼和眼部方向。之后用中指蘸取粉底，在另一侧脸颊重复相同步骤。然后用指尖蘸取比/略少的粉底，从额头中央向外侧推匀。

4

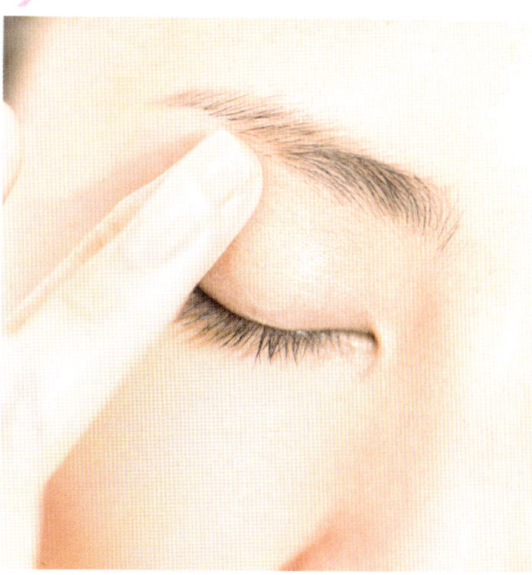

细微的部分也要涂到

把手指上残余的粉底涂在鼻梁、下巴和嘴巴上面。然后用指尖蘸取极少量的粉底涂在眼皮处。

5

用海绵按压

用附赠的海绵在全脸轻快拍涂，让粉底和肌肤更加融合。这样妆容更显得轻薄透明。

进阶课程

掌握夏天也不容易脱妆的底妆技巧

出汗的季节里，粉底很容易浮粉掉妆。

为了防止这些问题，隔离霜和粉底要尽量涂上薄薄的一层，使其和肌肤充分贴合，这个非常关键。

只需一些小技巧，我们就能拥有不易脱妆或者即使脱妆也不明显的肌肤。

粉饼

1

涂上妆前乳，用海绵拍平整

为了防止脱妆，必须在粉底和皮肤之间涂上妆前乳，让粉底进一步附着皮肤。在全脸涂上妆前乳之后，用略厚些的海绵轻拍平整。这样，妆前乳可以均匀贴合粉底，妆容持久度立即提升。

2

在用粉底之前扑上蜜粉

在涂粉底前扑上蜜粉，粉底只需涂薄薄的一层。用粉扑蘸取适量的蜜粉，在手背上揉匀调整用量。从毛孔比较明显的鼻翼两侧开始，仔细拍过全脸。这样有很好的遮瑕效果，粉底的用量明显减少，也可以减少皮肤吃粉脱妆。

3

用海绵蘸取少量粉底

已经用蜜粉修饰调整过肤色，只需在毛孔或者肤色不匀的地方补些粉底即可。一侧脸颊用蘸满1/4海绵的量就够了。用拇指、食指和中指夹着轻轻折起的海绵的一角。

4

在两颊毛孔明显的地方涂上粉底

粉底只需涂在以眼皮下方和鼻翼两侧为中心毛孔比较明显的部位。从脸的中心向外侧涂开，不要太用力，轻轻抚过即可。

粉底液

1 涂上妆前乳，用海绵拍平整

参照粉饼1涂上妆前乳后，用海绵拍平整。

2

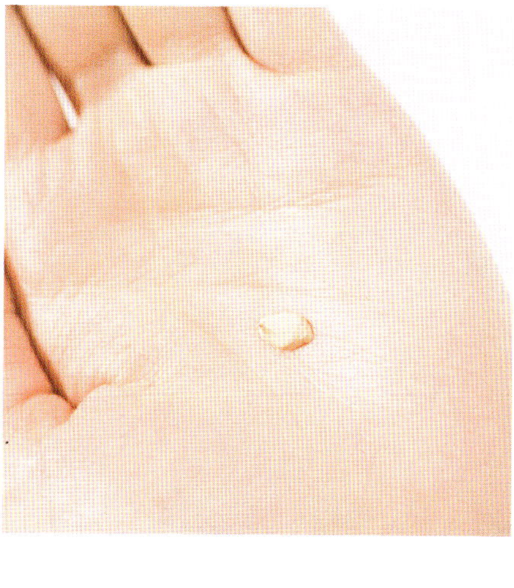

在手心挤上少量粉底

粉底液只需涂上轻薄的一层，所以一次挤出的量有小豆粒大小即可。然后在一侧脸颊仔细推涂匀开。如果感觉不太够的话，适当添加一点。要涂得均匀轻薄。

3

用中指涂抹，无名指推匀

参照第94~96页基本用法，用中指的整个指节把粉底液涂开，从鼻梁横着涂向脸颊高耸部位。然后，用无名指把周围衔接处细心推匀。另一侧脸颊和额头部位重复相同步骤，在全脸薄薄涂上一层。最后一定记得用海绵按压拍匀。

4

从T区开始扑上蜜粉

防止因为出油而脱妆，最后一定要记得扑上蜜粉。用粉扑蘸上适量的蜜粉，在手背上揉匀调整用量。从容易出油的T区开始在全脸细心地扑上蜜粉。要是粉不够，可以再补些。

护肤也可以防止脱妆哦

如果皮肤容易冒油和出汗，在化妆之前一定要做好护肤工作。
这样一来，妆容保持得会更持久哦。

用卸妆油仔细清除油脂

化妆前皮肤如果有残余的油脂，妆前乳和粉底就不容易附着肌肤，也就容易脱妆。早上洁肤之前，用卸妆油按摩容易出油的T区后用水冲洗干净，去除脸上的油光。

用冰的化妆棉收敛毛孔

在毛孔张开的状态下化妆，肌肤容易出汗冒油，这也是脱妆的一个诱因。护肤的最后一个步骤是用冰的化妆棉来收敛毛孔。化妆棉浸满化妆水，放在冰箱里冷藏作为收敛化妆水，把海绵贴在T区和脸颊毛孔明显的位置。放置5分钟左右后取下化妆棉，用手拍匀就可以开始化妆了。

完成!

烦恼 1

用粉饼涂却总是涂得太厚

不用海绵，也可以用粉底刷来上妆。
粉底可以轻易就刷上，想简单上妆时也很适用。
只在毛孔明显的部位用海绵。

用海绵

粉底涂得细密，遮瑕效果比较好。但有时容易在皮肤上附着过多，使妆容显得厚重。

用粉底刷

刷毛一根根地蘸上粉底，所以一次蘸取的量比海绵要少，使刷出的底妆厚薄均匀。

1

用粉底刷蘸取粉底

斜拿着刷子在粉饼的表面来回两次，让刷子蘸满粉底。这样的用量够刷一侧的脸颊。

2

刷在大面积的范围

粉底刷斜贴着脸颊，从脸颊内侧（内眼角下方）向外侧刷涂。然后把刷子向下慢慢错开，重复相同的动作。之后按照1的要领，用刷子蘸取粉底刷另一侧脸颊。接着，再补上些许粉底在额头左右方向刷涂。最后把刷子立起来滑向T区刷过鼻梁即可。

完成!

单品推荐

粉底

如果粉底自带刷子，那直接用附赠的刷子就行。买的时候要选择天然毛材质且触感柔软的刷子。

MAQUILLAGE心机美人粉底和粉底刷 /资生堂

3

细微的部分要立起来刷

上眼皮、嘴巴上面和嘴角等细微的部位，需要立起刷子左右方向刷涂。想要妆容轻薄，这里就不用再补粉底。为了避免粉刷进眼里，下外眼角的边际用海绵涂。

4

毛孔明显处用海绵

用海绵蘸上薄薄的一层粉底，在毛孔明显的脸颊内侧到鼻翼两侧画圆。从多个方向按压张开的毛孔，可以避免毛孔堵塞，使粉平整自然。最后，用海绵的一角轻轻擦过下外眼角边际。

烦恼 2

脸和脖子晒黑了，涂了粉底之后只有脸显得很白

在脸颊外侧涂上深色的粉底，使颜色过渡自然。
用一下粉底刷，就可以自然服帖。

选择比平时使用的色号深 1～2 号的粉底

在脸侧面涂的粉底要选择比平时使用的色号深1～2号的粉底。即使平时用粉底液的人在脸侧面也要用专用的粉饼，这样才能过渡自然。

平时的颜色

深1～2号的颜色

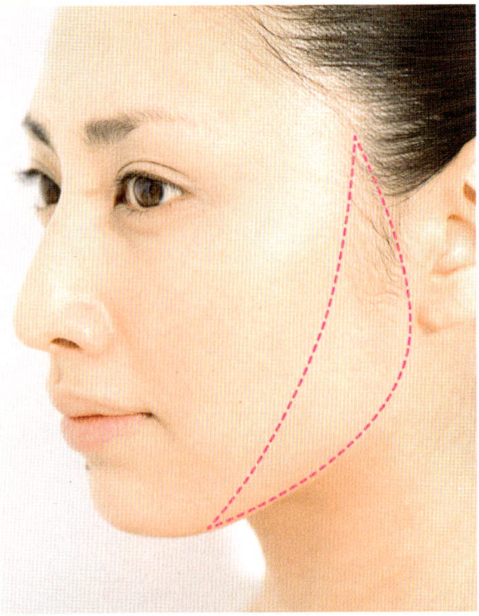

深色的粉底要涂在这里

深色的粉底要涂在脸侧面，即在从鬓角到下巴外侧缓和的曲线里（虚线围住部分）涂上粉底。不能用附赠的那种小刷子，要用刷面比较宽的粉底刷。这样涂会显得薄而均匀。

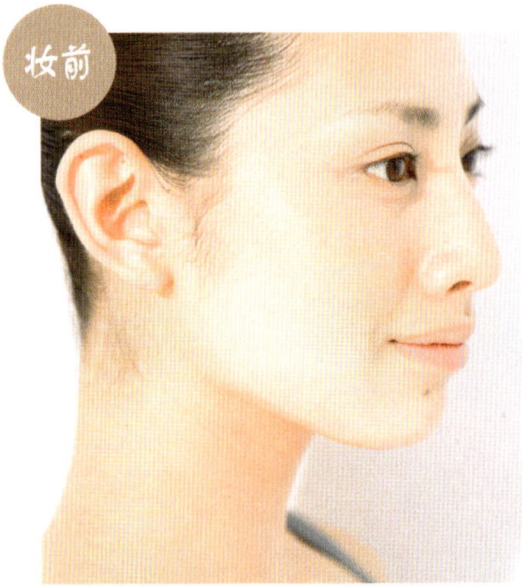

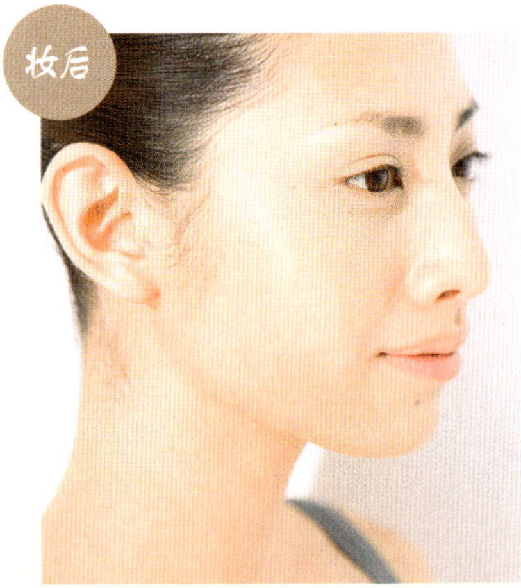

在脸侧刷出阴影，可以让脸到脖子显现自然的层次，就不会有明显的色差了。

1

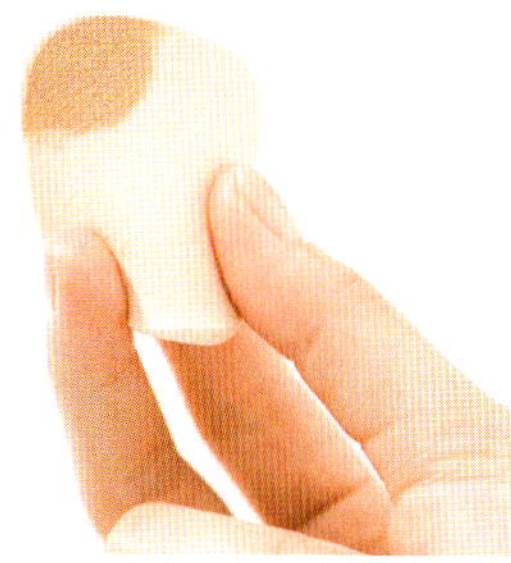

用海绵蘸取平时用的粉底

只在脸的中心部分涂平时用的粉底，所以要蘸得稍少些。夹起海绵的一角，用另一角蘸取的粉底够一侧脸颊的用量。要是选择粉底液，用平时1/2的量即可。

2

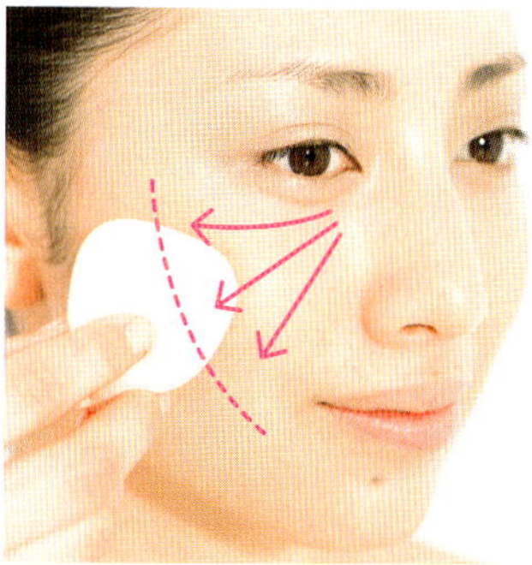

不要涂脸颊外侧

从脸颊中心向外侧涂。注意不要涂到脸颊外侧突起处。另一侧脸颊重复之前步骤，额头和下巴部分则和平时一样。

3

用粉底刷涂深色的粉底

用粉底刷蘸上深色的粉底在第106页图中虚线区刷一个来回。从和脖子的衔接处刷到2中粉底的衔接处。从外向内刷，脸颊整体显得明亮而有层次感。

4

用镜子检查侧脸

最后用镜子检查脸颊外侧过渡是否自然。站在大的镜子前，用小镜子前后确认从脸颊到下巴的衔接是否自然，是否有色差。

考虑整体的平衡，妆容的协调性就会更好

即使各个部分具有专业水准，但如果欠缺整体平衡，妆容依然显得不精致。
关键是平衡气色和突出一个部位。
只需做到这两点，妆容即刻变得更加亮丽。

米色的唇膏配上浅色的腮红
显得气色不足

协调腮红和唇膏的强弱关系，打造好气色

在部分的妆容里，腮红和唇膏可以调整气色。

如果年纪轻、气色红润，就只需用米色唇彩点缀，无须涂腮红。但如果年龄稍大，则需用腮红和唇膏调整气色。

虽然如此，但也不是说就不能用米色的唇膏。

考虑到腮红和唇膏的颜色搭配，用一个部位来调整气色即可。

比如，想涂米色唇膏时，就可以用颜色稍深的腮红来营造健康肤色。

相反，如果涂了颜色亮丽的唇膏，唇已经补上血色，腮红的颜色就需低调些。

腮红颜色稍深些带来健康好气色

突出一个部分

重点部位大致分为眼妆、腮红和唇妆三部分，如果三部分都突出就不妥。比如，深色的眼影、粗粗的眼线再配上涂得颜色鲜亮的唇妆，作为日妆未免有些过头。

首先，确定想要突出的部分。

如果眼妆浓厚，唇妆就简单些；如果腮红色彩饱满，眼妆就淡雅些。须考虑整体的平衡性。

这样一来，想突出的部分自然会很显眼，整体妆容也不会很夸张。

建议大家，除了想突出的部分外，
其他部分都要处理得低调些。
要是某个部位用了比较饱满的颜色，
其他部位就尽量选择接近肤色的产品。

脸部轮廓鲜明的人的注意事项

如果五官都很鲜明，眼影和唇膏的颜色说不定就会使整个脸部显得突兀，使得每个部位都成为重点部位。

眼影选了鲜亮的蓝色或者深紫色，腮红颜色红润饱满，唇膏又选了红色或玫瑰色，每个部分就都会被突出，反而不美。

这种情况的朋友，脸部各部分应尽量选择接近肤色的颜色，把握整体的平衡性。

颜色的衔接处只要仔细晕染，五官就会变得轻盈而柔和。

●选择颜色的关键

眼影……选择可以在眼部自然营造阴影的驼色或者浅棕色系

腮红……选择可以让气色丰润饱满的珊瑚色系的橘黄色或粉红色

唇膏……选择最接近唇色的浅粉色

第2章

毛孔、黑眼圈、色斑、暗沉

可以解决皮肤各种烦恼的完美底妆

只用粉底难以完全遮盖毛孔和色斑等皮肤问题，
就算重点部位妆容精致，如果有在意的皮肤问题，
对妆容也会变得没有自信。
但是，这些问题只需一些小技巧就可以轻松解决。
借助一些救急单品，就能打造出完美无瑕的肌肤。

只需熟练使用三件单品，皮肤就会越来越完美

拥有专用妆前乳、高光粉和遮瑕膏，几乎所有的肌肤问题都可以轻松解决。记住产品各自的特性，根据具体的肌肤问题灵活使用。

专用妆前乳

在毛孔明显和有细纹处重点使用专用妆前乳，就可以抚平毛孔和细纹，使肌肤光滑细致。修饰毛孔时，可以使用清爽柔滑有质感的产品。而眼周细纹则需要用高保湿带有珠光感的产品。

毛孔专用妆前乳

选择贴合肌肤，
完美遮盖修饰毛孔的产品。

pore smoothing base
毛孔修饰乳
/花王媛色

sweets sweets
眼部遮瑕乳
/CEZANNE

眼部专用妆前乳

不光可以遮饰细纹，
也有提高眼影
附着力的效果哦。

高光粉

在底妆之前轻轻刷上一笔，就能“扫走”暗沉，增添皮肤的透明感。

使用粉质高光，肌肤光泽有质感。

根据珠光粉质大小，营造的妆感也各不相同。

LUNASOL日月晶
采星幻亮粉
含粉盒、粉刷
／嘉娜宝

清透哑光与纤泽淡粉两种质感，
既贴合肌肤又好用。

遮瑕膏

遮盖脸上的细纹和黑眼圈带来的色差，使脸看上去完美无瑕。有笔状的遮瑕液、质感稍硬的管状遮瑕膏和多种颜色组合的调色遮瑕盒。根据肌肤问题，灵活使用不同的产品是关键。

蜜丝佛陀遮瑕膏
/蜜丝佛陀

管状

质感稍硬，
适合重点覆盖。

无瑕柔光修容笔
/雅诗兰黛

笔状

轻柔的质地，
适合做简单的淡化修饰。

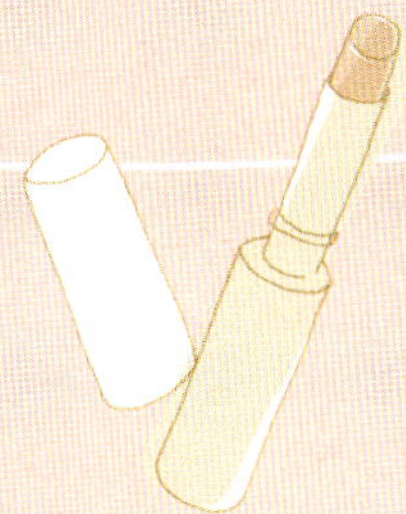

遮瑕组合

混合各种颜色，可根据不同皮肤
问题，
方便调出最佳色彩。

茵芙莎透白水润
修饰遮瑕膏
/Ipsa

【毛孔】

专用妆前乳打造平滑美肌

毛孔明显的部位主要在脸颊和T区。脸颊的毛孔让粉底变得不服帖，肤色就会有色差。另外，上妆时间久了，T区的毛孔就会泛油光，皮肤粗糙和黑头会不断加重。

能有效解决这两处毛孔问题的正是毛孔专用妆前乳。

它可以瞬间抚平凹凸不平的毛孔，也可以有效抑制油脂分泌。

用过它之后再涂上粉底增强效果。

关键是要用海绵顺着毛孔方向来涂抹。

用的是这些产品

专用妆前乳
（毛孔专用）

1

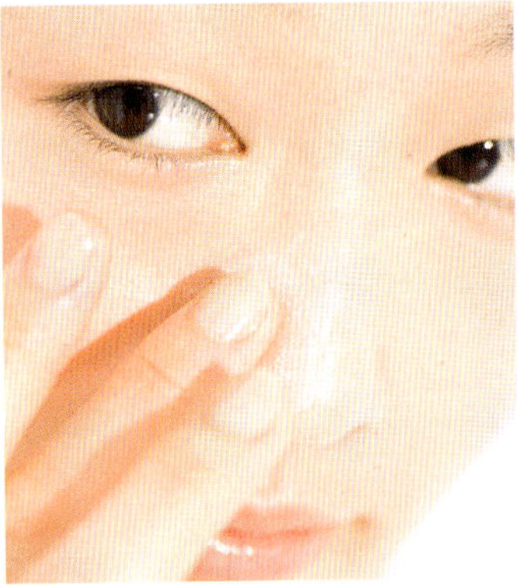

涂抹毛孔专用妆前乳

在脸部抹上隔离霜后，用指腹蘸取少量毛孔专用妆前乳在脸颊、鼻翼和T区等毛孔粗大的部位仔细涂抹，直至涂匀。

妆前

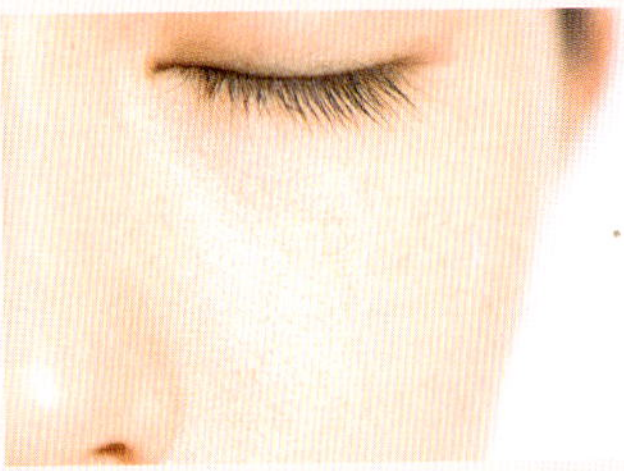

妆后

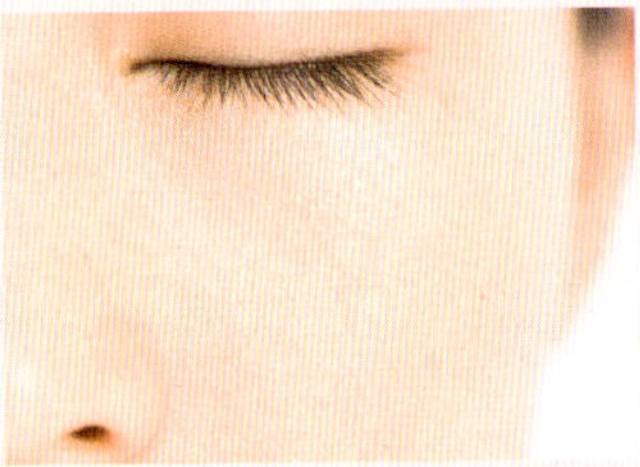

脸颊内侧和鼻梁两边的毛孔被遮盖很多！

2

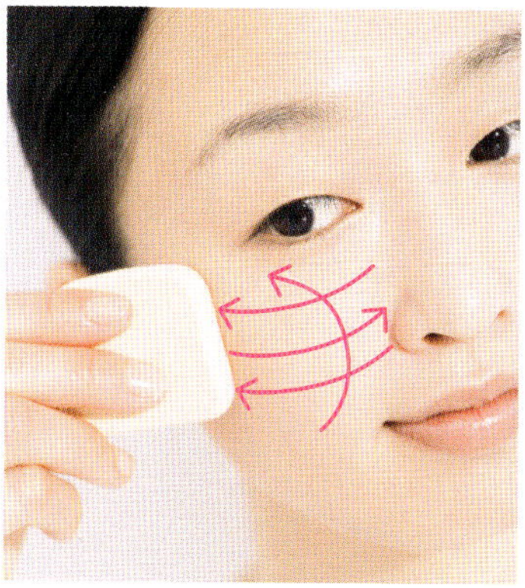

涂粉底

粉饼需要反复推涂

脸颊需要用海绵蘸取粉底后，从脸颊内侧向外侧推涂。为了抚平毛孔，海绵将粉底推向外侧后，要滑回脸颊内侧，之后再一次向外侧推涂。另外，要用海绵从脸颊内侧画半圆推向外眼角。这样毛孔的各个方位都涂上了粉底，皮肤就会变得平滑。最后，不用再重新蘸取粉底，可以直接用海绵在额头、T区和细微的部位薄薄地推涂即可。

粉底液需要轻拍按压

用指尖蘸上粉底液按照脸颊→额头→鼻子→下巴→细微部位的顺序先后点涂。然后用没蘸粉底的海绵轻轻拍涂按压，这样皮肤就显得自然光滑细腻。

3

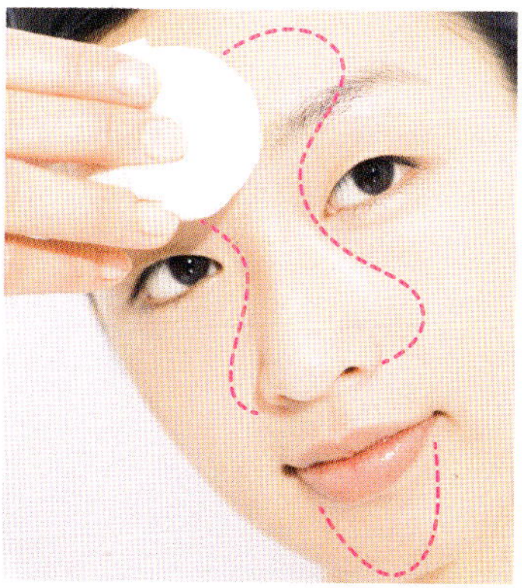

用蜜粉定妆

结束之前，用粉扑蘸上蜜粉在容易出油造成毛孔粗大的鼻翼、额头、下巴等T区部位按压。如果用的是粉底液，在全脸扑完蜜粉之后，在T区重复拍涂一次。蜜粉可以吸收多余的油脂，防止出油，造成T区毛孔粗大。

【暗沉】

使用高光粉带来肌肤的透明感

皮肤暗淡易显老。

高光粉能有效扫除暗沉，使肌肤透亮。

涂过粉底之后，轻轻扫上一层就可以使肌肤轻盈透亮。

但是，如果直接大面积涂抹反而会油光满面。

在镜子里确认未化妆时的脸，只扫在脸上有光感的部分，这样妆容会显得自然。关键需选择粉质细腻的产品。

用的是这些产品

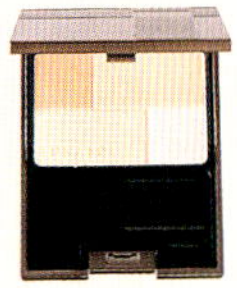

高光粉

高光粉扫在这里

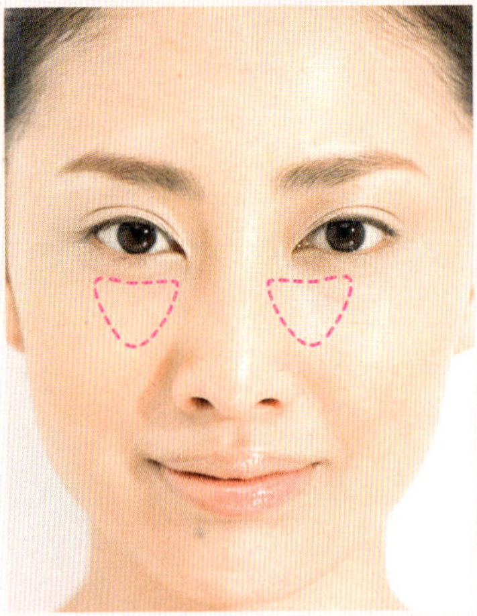

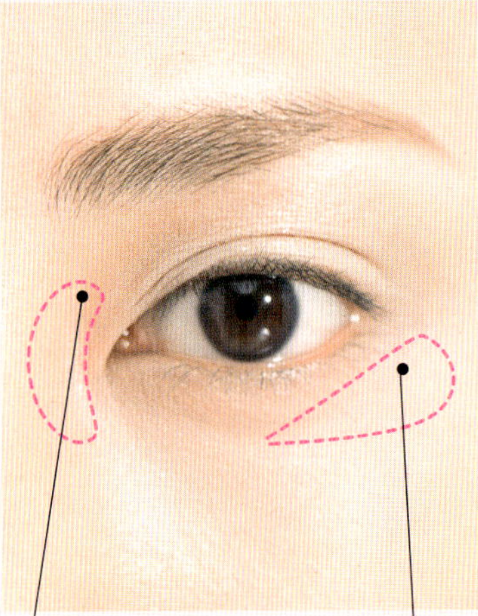

眼睛下面的倒三角区

左右方向是从内眼角到瞳孔外侧，上下方向则是从下眼皮鼓起的部分（泪腺）正下方，到鼻孔外侧稍微靠上的倒三角区。这一部分用高光粉提亮后，皮肤就显得轻盈透明。

内眼角凹陷处

内眼角和鼻梁之间凹陷的部位。因为这部分被鼻梁遮住，很容易被人忽略。事实上，这个部位从哪个方向看过去都很有光泽。只要将这部分用高光粉进行提亮，瞬间就焕发出迷人光彩。

下眼皮的外眼角位置

从下眼皮的外眼角到瞳孔靠下的位置。用高光粉加强这部分的光泽感，肌肤就显得丰盈透亮。

1

高光粉扫在眼睛下方的倒三角区

在底妆之后扫上高光粉。用附赠的刷子蘸取高光粉，先在手背上调整用量，然后用刷子从内眼角刷向瞳孔外侧位置。接着，如箭头所示的方向，用刷子反复刷涂。

2

高光粉扫在内眼角的凹陷处

用刷子再次蘸取高光粉，用手背调整好用量。然后从内眼角的凹陷处沿着内眼角来回刷涂。用刷头刷，注意不要刷到鼻梁。

3

高光粉扫在下眼皮的外眼角位置

用刷子蘸上少量高光粉，从外眼角刷向瞳孔下方。用刷头轻轻刷一下即可。

用遮瑕膏完美修饰

色斑只要出现一处，整张脸就会显得苍老。是否很多人会为此烦恼呢？

色斑可以用遮瑕膏来遮盖，但是如何选择遮瑕膏还是有诀窍的。

遮盖点状色斑时，需要质地稍硬的产品。

另外，为了避免涂过的地方白得突兀，要选择接近肤色的色号。

将衔接部分晕染开来，就可以完美遮盖，使妆容自然无瑕。

1

涂上比色斑大两圈的遮瑕膏

平时用粉饼的话，遮瑕膏要在涂粉底之前使用。用粉底液的话，在涂完粉底之后再使用遮瑕膏。要用质地稍硬的遮瑕膏完全盖住色斑或者粉刺，涂的范围略大些，直至想要遮盖的部分完全被遮住为止，并且要一直仔细涂抹。

2

轻拍匀开衔接处

用指腹细细地拍涂遮瑕液的边际，使其与周围的皮肤自然衔接。如果蹭到中央，会沾掉遮瑕膏，遮瑕效果便大打折扣。

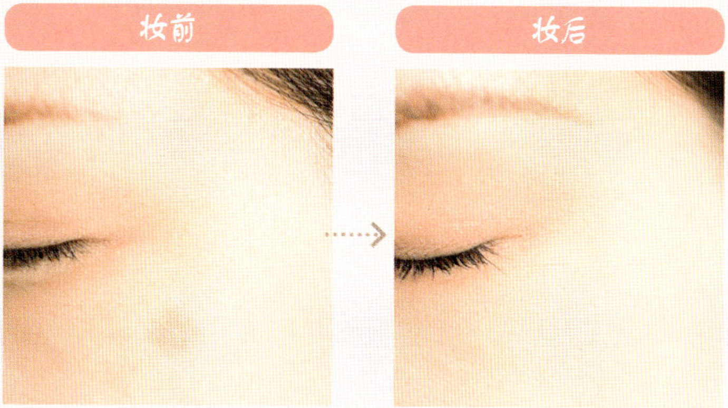

之前明显的色斑，用过遮瑕液后达到了理想遮瑕的效果。

3

涂上粉底或者蜜粉

在涂了遮瑕膏的位置涂上少量的粉底或者蜜粉，化妆效果会持久。然后，用常规步骤完成脸部妆容即可。

【黑眼圈】

使用遮瑕液让眼部光彩照人

眼睛疲劳或者睡眠不足就会产生黑眼圈。黑眼圈不仅是眼部问题，还会影响脸部气色。相反，只要没有黑眼圈，整个脸部都显得光洁。因此一定要重点进行完美修饰。方法很简单，只要涂上一层薄薄的遮瑕液然后晕染开即可。眼部是容易脱妆的部分，所以只有仔细涂匀才行哦。遮瑕液要选择质地柔软的笔状遮瑕液。另外，颜色选择橘黄或者粉驼色会显得气色更红润健康。

用的是这些产品

遮瑕液
（笔状）

1

在下眼圈涂上少量遮瑕液

平时用粉饼的话，遮瑕液要在涂粉底之前使用。用粉底液的话，在涂完粉底之后再使用遮瑕液。在眼部黑眼圈最重的地方点上遮瑕液。如果遮瑕液的用量过多，时间久了就会浮粉，因此只需一点即可。

2

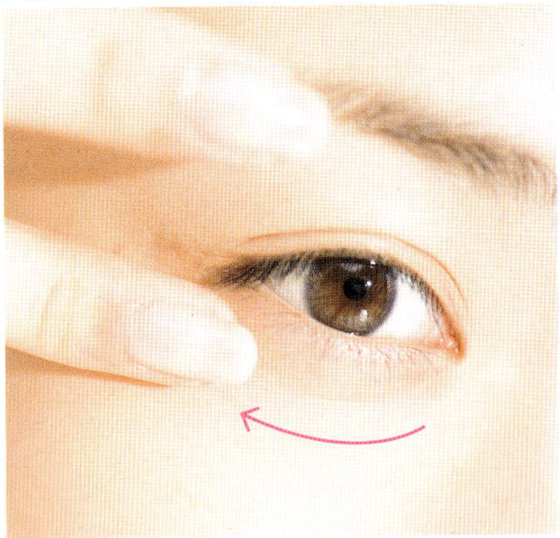

从内眼角向外眼角方向推涂

连起刚才点过的遮瑕液，用指腹从内眼角向外眼角仔细匀开。这时如果手指残余有遮瑕液，说明用量多了，需用纸巾擦净手指。

眼睛四周变得明亮，脸部就不会显得疲惫，表情也自然生辉。

3

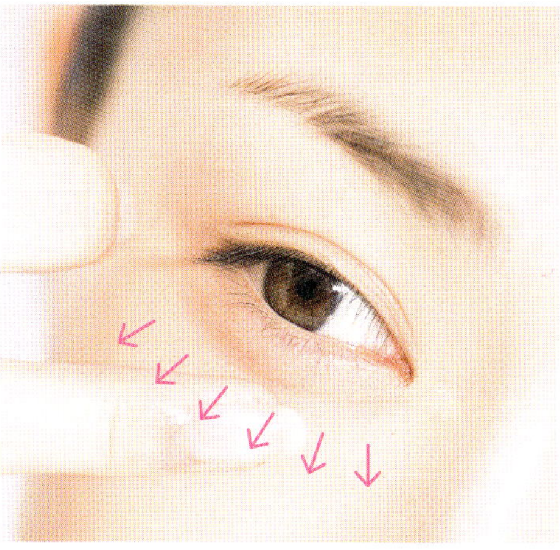

向下拍涂匀开

用指腹顺着脸颊方向拍涂，推涂幅度要小。手指只要拍到遮瑕液的边缘，使其与周围皮肤自然衔接即可。注意不要蹭到遮盖黑眼圈的中心部分，仔细将遮瑕液与周围皮肤衔接处拍匀。

4

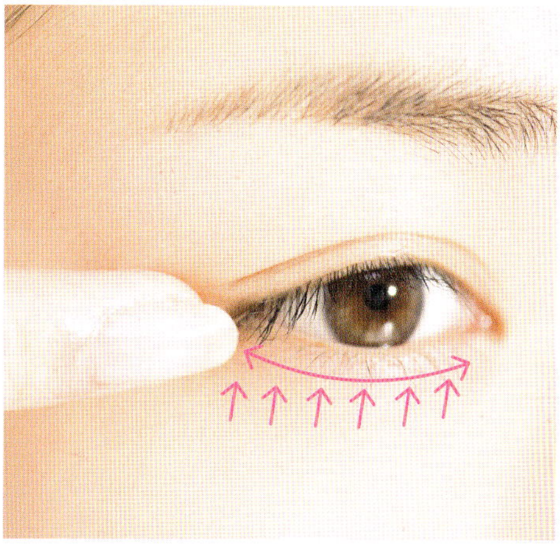

向睫毛根部仔细匀开

接着，把遮瑕液的边际朝着睫毛根部匀开。用指腹轻拍推匀，直至紧挨着睫毛根部。最后，用指腹轻轻抚过下眼皮涂匀。

【大范围的色斑】

用遮瑕液和高光粉轻拭

色斑容易在颧骨附近大范围出现。不只是紫外线可以造成色斑，由内分泌紊乱引起的“肝斑”也容易在脸部大范围出现。推荐使用遮瑕力强的粉底液和质感柔软的遮瑕液，然后再用高光粉提亮即可完美淡化。这样既可以保持肌肤轻薄透亮，又能完美遮瑕。

用的是这些产品

遮瑕液
（笔状）

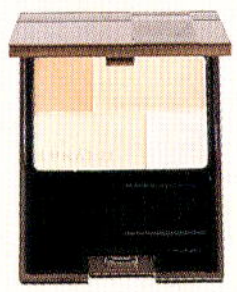

高光粉

1

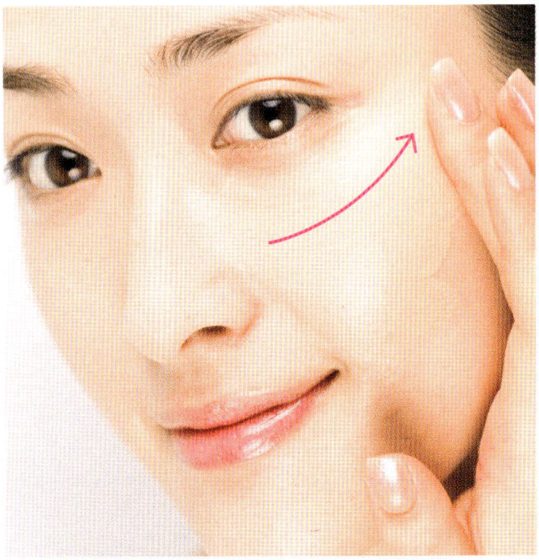

涂上粉底液

参照第94～96页基本用法在全脸涂上粉底液。要选择遮瑕力强的液状粉底，从脸颊内侧向外侧、额头中央向外侧把粉底推涂开来。T区、眼周及嘴角等细微部位也要薄薄地涂上。这一步不能完全遮盖色斑也没关系。

妆前

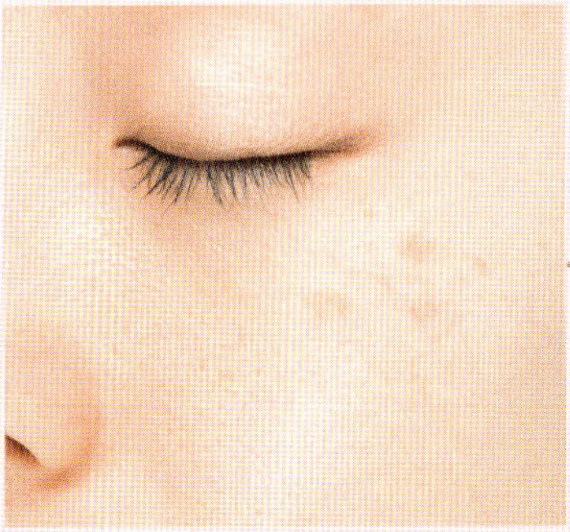

妆后

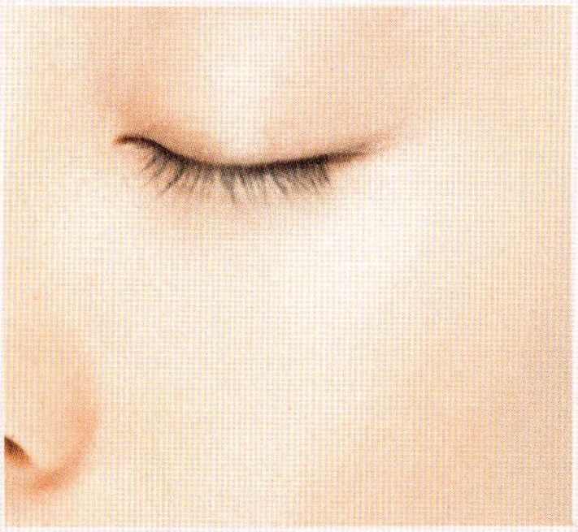

涂过遮瑕液的部分也不会显得厚重，整体效果轻薄透亮。

2

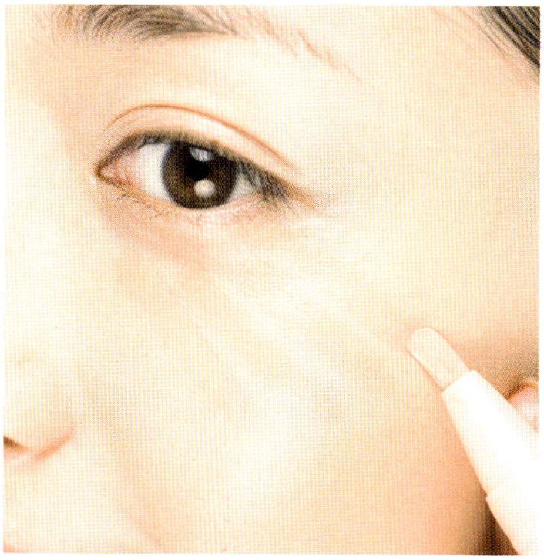

涂上遮瑕液

涂上富有光泽的遮瑕液（笔状）。在出现色斑的范围，用遮瑕液斜画上几笔进行遮盖。

3

匀开遮瑕液

用指腹轻按2中的线条，仔细推匀至薄薄的一层。遮瑕液范围比色斑范围稍大一圈，然后匀开和周围皮肤的衔接处即可。

4

扑上蜜粉

在全脸扑上蜜粉。按照容易起油光的T区→鼻翼→脸颊→其他细微部位的顺序按压。色斑的位置之后会刷上高光粉，这里只需涂上薄薄一层即可。如果还能看得出色斑，重复2～4的步骤。

5

用高光粉提亮

在色斑的位置打上高光粉。用刷子蘸取高光粉，在手背上轻刷调整用量后轻轻带过即可。这样可通过反射光线自然提亮。

【眼周的细纹】

专用妆前乳和高光粉有效淡化细纹

眼周的细纹会因皮肤干燥而愈加明显。
首先，粉底要选择保湿力强的粉底液，这样可以有效淡化细纹。
接着，用眼部专用妆前乳进一步提亮和保湿。
最后，用高光粉抚平细纹造成的阴影，进行完美淡化。
饱满平滑的眼部，立刻显得年轻不少。

用的是这些产品

专用妆前乳
（眼部）

高光粉

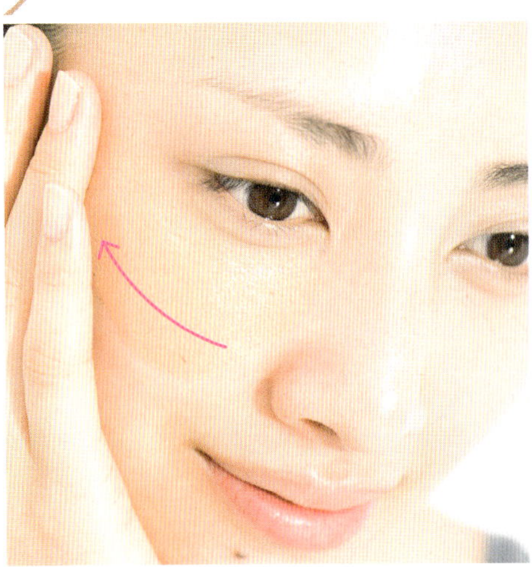

涂上粉底液

参照第94～96页基本用法涂上粉底液。关键是在下眼皮和眼睛周围要轻抹开来。之后在全脸扑上蜜粉。如果想用粉质的粉底，要选择秋冬倍润型的产品。和粉底液一样，在眼睛周围涂上薄薄的一层。

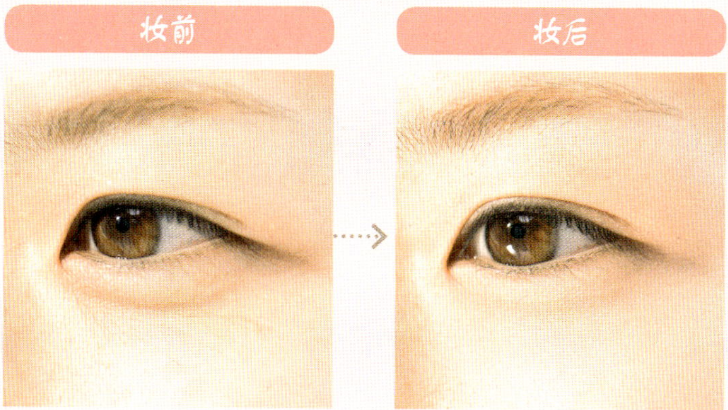

眼周细纹完全看不出来。

2

涂上眼部专用妆前乳

在涂好粉底液之后，涂上眼部保湿专用妆前乳。每侧眼睛需要米粒大小的用量，在细纹明显的下眼皮、外眼角涂上薄薄一层。不要太用力，轻轻抚拭匀开即可。如果眼部肤色暗沉，在上眼皮也涂上些。

3

涂上高光粉

在2中涂着眼部专用妆前乳的位置刷上高光粉。用刷子蘸取高光粉，从内眼角向外眼角轻轻刷涂。

【法令纹】

遮瑕液让肌肤焕发年轻光彩

法令纹会使脸部显得衰老而疲惫。法令纹给人印象较深的是脸颊处的阴影。

使阴影淡化正是消除法令纹的关键。这里推荐使用带有珠光、有提亮效果的遮瑕产品。因为是经常动的部位，所以要使用质地柔软的遮瑕产品薄薄地涂上一层。关键是用海绵轻轻按压，使其与皮肤充分贴合。

用的是这些产品

遮瑕液
（笔状）

1

在法令纹上涂抹遮瑕液

法令纹和肤色暗沉的鼻翼都要涂上遮瑕液。用粉底液之后（用粉饼之前），首先用遮瑕液的笔尖在鼻孔外侧描涂。之后将这条线连向法令纹的位置。

2

用指尖匀开

用指腹轻拍推涂遮瑕液和皮肤的衔接处。首先是鼻孔外侧，接着是法令纹。如果把遮瑕液全部匀开的话，遮瑕力度会大打折扣。只需小心匀开至皮肤的衔接处即可。

妆前

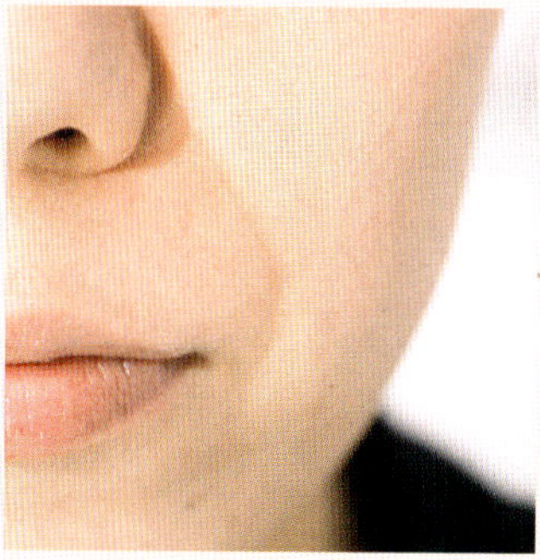

妆后

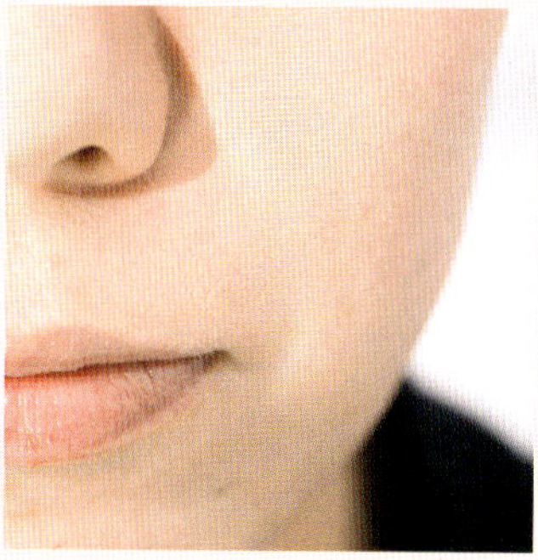

阴影淡化，法令纹就变得不明显。脸部将焕发年轻光彩。

3

用海绵按压

用涂粉底液的海绵在涂过遮瑕液的部分轻轻按压，使其衔接自然。用海绵使劲推涂的话，会蹭掉遮瑕液，要避免这样做。

4

用蜜粉定妆

用粉扑蘸取少量蜜粉，扑在涂过遮瑕液的位置，让遮瑕液和皮肤进一步贴合。之后在全脸扑上蜜粉。如果用的是粉饼，就不用再扑蜜粉了。

进阶课程

熟练使用高光粉打造立体妆感

高光粉不仅可以在提亮肤色的同时淡化细纹，还可以让脸部呈现立体妆感。刷上高光粉的部分反射光线，使其显得透亮饱满。尝试在脸部突起的部分刷上高光粉，体验这种神奇的效果吧！只需打上高光粉，即可拥有光影有致的立体妆容。

用的是这些产品

高光粉

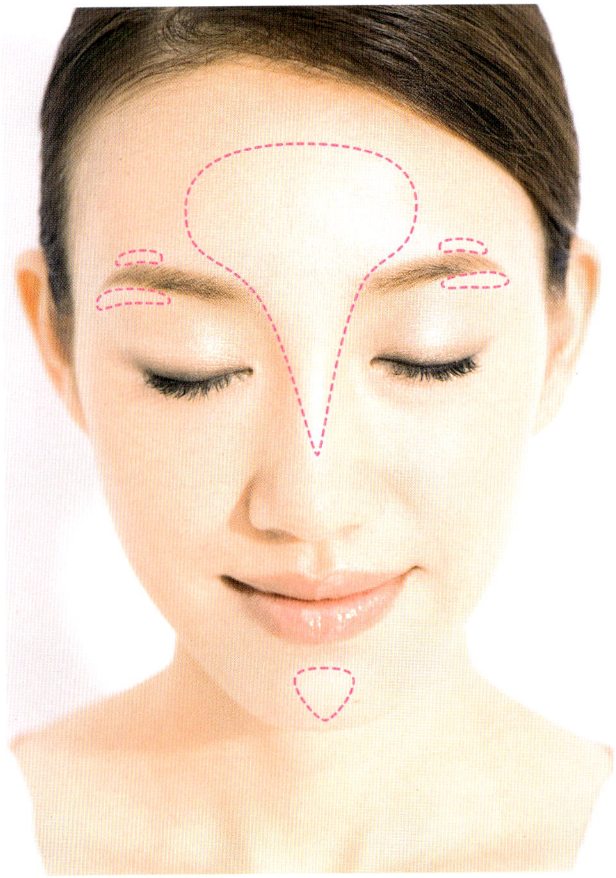

高 光 粉 刷 在 这 里

1

在额头刷上高光粉

用附赠的刷子蘸取高光粉，首先刷在额头中央稍靠下、两瞳孔外侧之间的范围。然后，刷子向上错开些，在两瞳孔内侧范围里刷涂。这时刷了可不用再蘸取高光粉。额头打上高光粉后，看起来圆润自然。

2

在鼻梁刷上高光粉

用刷子尖蘸取高光粉，竖起刷子立在双眉之间。之后纵向轻轻刷到鼻梁中部位置。如果高光粉刷到鼻尖，会使鼻尖看起来圆溜溜的而显得有些幼稚。因此要注意控制刷子的走势。

3

在下巴尖刷上少量高光粉

用手指抚摸，确认嘴巴下凹陷所在。竖起刷子从凹陷的下方刷向下巴尖。这部分的用量用刷完鼻梁后刷子上残余的高光粉即可。

4

在眉峰上下刷上高光粉

更换稍小的眼影刷（用眼影盒里附赠的刷子即可）蘸取高光粉，在眉峰的下方和眉峰的顶点上方刷上少许。高光会突显眉骨，使眼睛变得深邃。

妆前

妆后

打上高光粉后，鼻梁秀气挺拔，脸部妆容立体，眼睛也显得深邃。

使用遮瑕液即可完成简单底妆

若感觉素颜有点难以见人，又不愿用粉底，外出去那些比较近的地方时，就用遮瑕液打造简单底妆吧！只用笔状的遮瑕液涂在重点部位，进行简单遮盖，之后拍上蜜粉即可。

短时间便可打造出自然无倦色的肌肤。

1

涂上防晒隔离霜

参照第88～90页基本用法，在全脸涂上防晒隔离霜。这样不仅可以阻隔紫外线，也可以调整肌肤纹理，提亮肤色。

2

用遮瑕液遮盖重点部位

在黑眼圈、肤色暗沉的眼睛周围涂上遮瑕液。上眼皮呈放射状，下眼皮斜着画上几笔即可。接着，泛红的鼻翼、肤色暗沉的嘴角下方的轮廓也要仔细涂上。

用的是这些产品

遮瑕液
（笔状）

3

匀开遮瑕液

用指腹轻拍推匀上、下眼皮的遮瑕液。鼻翼和嘴角下方也要同样推匀。要把抹上遮瑕液的部分和周围皮肤衔接处推匀，使肤色过渡自然。

4

用蜜粉定妆

用粉扑蘸取蜜粉，在手中揉匀后在全脸按压拍涂，这样就完成底妆了。然后根据自身需要刷上眉膏、腮红和睫毛膏。

改变化妆环境和整理化妆工具，以提升化妆水平

化妆时容易忽略的是化妆环境和使用的工具，实际上这两点非常关键。要想学会化妆，就需要从这两点入手。

适合化妆的环境是怎样的呢？

经常化妆的房间里有大的镜子吗？

光照条件还算良好吗？

忙碌起来时，不少人经常会站在昏暗的房间里，对着化妆镜草草了事。

如果想让妆容精致，改变化妆环境是必不可少的。

比起昂贵的化妆工具，如果能做到以下三点，化妆的效率就能有较大的提高。

1 明亮的房间

有没有这样的事情呢？化妆后从房间里出来，脸上厚重的粉底和颜色不匀的肤色常使自己大吃一惊。这是在昏暗房间里化妆的缘故。如果迎着光线，厚重的粉底和眼影、颜色不匀就可以一目了然。自然光线良好的房间当然最好，但是如果没有窗户，就在镜子附近放上台灯，把照明调到最亮。

2 宽松舒适的环境

顺利完成画眼线等高难度动作的关键是"手的安定感"。因此，要注意坐着把手肘放在化妆台或桌子上，使手不易抖动。另外，坐着化妆可以比较从容，这样也有利于提升整体妆容。

3 大镜子+小镜子

化妆盒里的小镜子可以确认细微部分的妆容，但是无法把握整体效果。在大镜子前，时不时确认一下整体效果再进行化妆很重要。另外，和脸部正面相比，被他人关注到的往往是脸的侧面。所以确认妆容时，大镜子和小镜子要协同使用，仔细检查侧脸的粉底是否有色差，以及粉底、眉尾的位置和眼线的长度是否有问题。

化妆工具要保持清洁

刚买来时，眼影和腮红可以涂得很均匀，可是用到后来颜色渐渐变得灰暗，也不容易涂抹均匀……这些问题可能是刷头和刷子上的污垢造成的。

记得每天用完之后都要简单擦拭，并定期进行清洁。

每天进行的打理

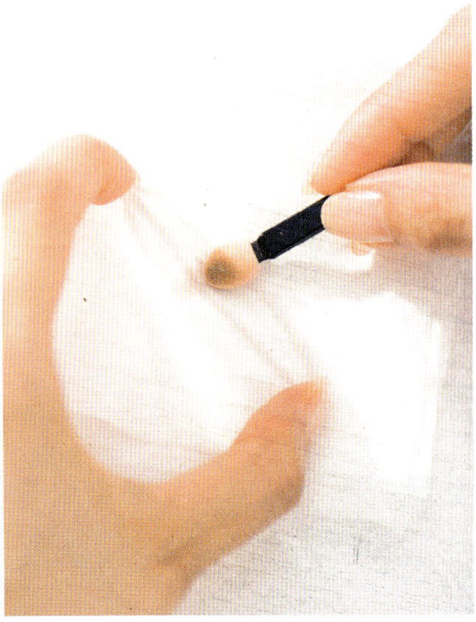

擦掉刷头和刷子上的污垢

刷头和刷子在收起之前，用纸巾拭去污垢就可以保持长时间的洁净。对折纸巾，用手指撑开，然后用指尖在平整的纸巾上划一道凹痕。用刷头和刷子正面按一定方向来回移动，直到不再掉色为止。要是纸巾脏的话，就换一下位置。

每周进行的打理

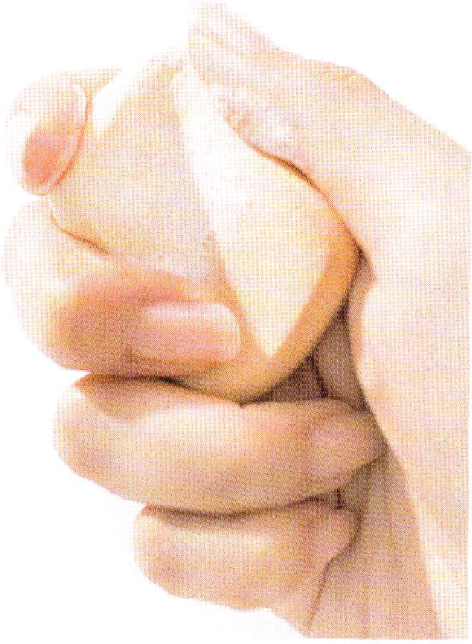

用中性洗涤剂清洁刷头和海绵

刷头是一周清洁1次，粉底的海绵两面都用过后需要进行清洁。用温水打湿，蘸上中性洗涤剂。刷头用指腹按压，海绵用手心团握来清洗。表面干净后，用温水洗涤。用纸巾包裹着按压挤出水分后阴干。此外，海绵一次用一半的面积，一片海绵正反就可以用4天。如果准备两片海绵的话，就可以攒到周末再一起清洗，这样就轻松很多。

每月进行的打理

刷子用专用清洁剂清洗

天然毛的刷子容易脱落，一个月洗1次就行。洗的时候不用水，而是要用专用清洁剂进行清洗。在杯子中倒入少量清洁剂，把刷子蘸湿并来回摆动。清洁剂里开始有粉质的沉淀后，拿出刷子用纸巾包住。整理刷毛后轻轻擦去清洁剂，放在干净的地方阴干即可。

特别课程

外出时简易补妆(重点彩妆)

早上好不容易才化好的妆，到了下午就开始脱落。这样很浪费时间。为了使妆容持久，我们可以记住一些外出时简单的补妆技巧。

随身携带的「补妆套装」

只要有这些就可以放心了。为了保持清洁，推荐大家把它们统一收在带有拉链的保存袋里。

棉棒

用来擦去晕染的眼影或者所画的眉毛。

吸油纸

补妆时，用在眉毛和鼻翼等油脂分泌旺盛的部位。

纸巾

按压浮在皮肤上的油脂时使用。建议用纸巾按压时，要尽量留下皮肤本身的油脂。另外，要选择触感良好的纸巾。油性皮肤的人用吸油纸也行。

涂粉底液用的海绵

在按匀抚平脱妆的粉底时使用。在化妆品店等可以买到那种装有很多个薄海绵的优惠装。这样就可以频繁换洗，非常方便。

小份的乳液和化妆棉

乳液可以擦去晕染或者颜色不匀的彩妆。把乳液分装在随身携带的小瓶里，用的时候用化妆棉蘸上乳液即可。也可以作为底妆使用，非常方便。

首先仔细擦去晕染的部分，之后重新涂抹、描画。

睫毛膏

用棉棒蘸上乳液，轻轻擦去晕染部分。擦除干净后，扑上蜜粉或者眼影粉等“粉质物”，可以有效防止再次晕染。

眉毛

用棉棒擦去混入皮脂的眉粉。因为眉毛是皮脂分泌旺盛的部位，棉棒不用蘸取乳液也可以把眉妆擦得很干净。用吸油纸按压过后，重新画眉毛。最后扑上少量蜜粉就可以了。

外出时简易补妆(底妆)

根据脱妆的级别决定补妆的步骤,会更有效果。

脱妆的级别大致可以分为三个阶段

使粉底脱色的最大原因是油脂和汗水的分泌。皮肤会以鼻翼和额头的T区为中心,分泌大量的油脂。这些油脂和粉底混在一起,时间久了脱妆就会越来越厉害。

鼻翼开始冒油

涂完粉底1～2小时后(时间因肤质有所不同),在鼻翼处开始泛油。这时会因为油脂而出现浮粉的现象。

T区泛油光

如果放任脱妆级别1的状态不管,再过2～3小时,油脂分泌旺盛的T区会整体开始泛油。最终,粉底和油脂混在一起,开始大面积出现脱妆。

粉底脱色,开始出现色差……

再过些时间,大量出汗后,脱妆会扩散至整个脸部。出现脱妆的部分长时间放任不管就会进一步脱色,脸部就会出现颜色不匀现象。

脱妆级别 1 的补妆步骤

用纸巾按压擦取油脂，使粉底进一步贴合

首先，用纸巾盖住脸，从纸巾上面用手掌轻按脸颊和额头。然后用指腹按压鼻翼或者鼻梁等细微部分。如果擦时太用力，粉底会掉色或者粘在一起，所以手法须轻盈。

脱妆级别 2 的补妆步骤

用海绵推匀，利用自身的油脂重新打底

用海绵轻按T区等泛油光的部位，使混入油脂的粉底贴合皮肤。然后用纸巾按压，吸取多余的油脂后，补上薄薄一层粉底（用粉底液后需要补上蜜粉）。

脱妆级别3的补妆步骤

1. 用蘸了乳液的化妆棉擦去颜色不匀的部位

用中指及食指、无名指夹住蘸了乳液的化妆棉，擦去脸颊和T区等部位脱妆的粉底。轻轻擦拭直至干净。

2. 蘸取少量乳液加强保湿后，重新涂上粉底

接着，在擦去粉底的部位用手指蘸取乳液涂抹打底。之后，从脸中心向外侧重新涂上粉底。如果用的是粉底液，之后需要扑上蜜粉定妆。

皮肤干燥也会引起脱妆

不光是容易出汗的季节，就连干燥的季节里也会因为皮肤水油失衡，而造成油脂分泌过剩。这是造成脱妆的一大原因。白天，如果觉得皮肤干燥，就喷上雾状化妆水进行保湿。但如果直接喷涂，有可能会造成脱妆。诀窍就是把化妆水在脸前面由下而上喷涂。这样化妆水就会从上至下细细洒落在脸上。

向爱美的你推荐备受关注的美容单品。
马上确认，拥有美丽吧。

欧莱雅 L' ORÉAL 彩妆系列

欧莱雅美眸深邃眼线水笔

一笔顺畅勾勒，线条持久明晰。

欧莱雅飞翘睫毛膏

卷翘浓密，滋养睫毛。

欧莱雅大开眼眸晶璨眼影

四色眼影，多变造型，放大双眼。

欧珀莱 AUPRES 彩妆系列

欧珀莱幻夜珠裳眼影

色与光的共同交织，让美丽的绽放不分昼夜，是适合活力女性的超便利的眼影盒。

欧珀莱幻夜珠裳睫毛膏

全方位勾勒浓密纤长睫毛，含幻夜珠光粉，打造韵味十足的超迷人的睫毛。

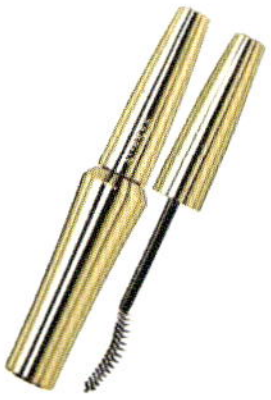

欧珀莱星光炫耀眼线液

如同繁星般的亮片和珠光，使眼睛大而明亮。

玫琳凯 MARY KAY 彩妆系列

玫琳凯炫润唇膏

质感轻柔，细腻润泽，预防唇纹，紧致双唇。

玫琳凯矿妍两用散粉

富含天然精纯矿物质，融合了粉底的理想遮瑕能力和散粉的轻盈舒适感觉，不易脱妆。

玫琳凯自动眼线笔

软硬适中的笔芯，免削式设计，具持久性配方，能防止眼线晕染，维持清新眼部彩妆效果。

兰芝 LANEIGE 彩妆系列

兰芝雪凝晶焕双重粉底

水润质感的双重粉底自然贴合肌肤，修饰瑕疵。

兰芝魅彩极致丰盈睫毛膏

丰盈睫毛膏的花生型刷头带来丰盈的卷翘睫毛。

兰芝魅彩专业腮红

帮助展现富有活力的肌肤，塑造小巧精致的面庞。

羽西 YUE SAI 彩妆系列

羽西灵芝生机焕活水润粉底液

加速肌肤血液循环，去除黄气、暗沉，有效对抗肌肤氧化及环境侵扰。

羽西蝶翘立体丰盈睫毛膏

独特的“大眼睛刷头”，加长和提升中央部位睫毛，扩大眼部弧度，让眼睛看上去更大！

羽西灵芝生机恒润透亮唇膏

蕴含牡丹精粹及保湿成分，双唇丰盈，色彩持久鲜明，透出水润光泽。

姬芮 Za 彩妆系列

Za新能真皙美白粉底液

蕴含毛孔细致提亮成分及毛孔隐性成分，缔造水润柔滑的肌肤触感。

Za勾心引力睫毛膏

浓密丰量配方，美睫尽情延伸，创造根根晶亮的扇形美睫。

Za晶盈胶原唇膏

纯正鲜艳的色彩和清澈透明的光泽，蕴含丰润透光因子，呈现自然且迷人的美唇。

卡姿兰 CARSLAN 彩妆系列

卡姿兰眼睛浓卷丰1+2双效睫毛膏

一款神奇的“1+2”睫毛膏！一个刷头，两种用法，让你随心变换美睫妆效。

卡姿兰丝缎美形唇膏

如同丝缎般柔滑轻抚，色泽丰润饱满。

卡姿兰焕彩粉嫩BB胭脂

超细柔滑粉质，极易上色并持久贴肤，轻松修饰脸部轮廓。

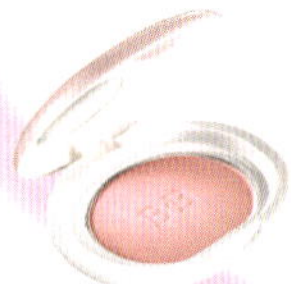

娥佩兰 OPERA 彩妆系列

娥佩兰修长X浓密随心控睫毛液

10级旋钮设计，能随意调节睫毛长度和浓密度！

娥佩兰丝薄透气粉饼

粉质细腻轻透，可以与肌肤完美贴合，不会对肌肤造成负担。

娥佩兰水漾精纯营养唇彩

持久保持钻石般璀璨光辉与水润光泽，植物提取成分滋润双唇，仿佛精华液般的唇彩。